Erhard Beppler · Energiewende

Über den Autor

Dr. Erhard Beppler ist Diplom-Ingenieur der Fachrichtung Metallurgie. Seine Tätigkeit in leitender Funktion bei der ThyssenKrupp AG in der Forschung und Entwicklung im Wesentlichen im Bereich der Optimierung von Einsatzstoffen, der Prozesstechnik sowie der Modellierung von Prozessabläufen verschaffte ihm ein breites Wissen in physikalisch-chemischer und metallurgischer Verfahrenstechnik. Seine Forschungsarbeiten fanden Niederschlag in zahlreichen Publikationen im In- und Ausland. Durch sein breit aufgestelltes Wissen wurde er zur Leitung von nationalen und internationalen Ausschüssen/Veranstaltungen berufen.
Im Jahr 2000 schied er bei der ThyssenKrupp AG aus und beschäftigt sich seit dieser Zeit mit Klimafragen.

Erhard Beppler

Energiewende – Zweite industrielle Revolution oder Fiasko?

Über die Illusion, 80 bis 100 Prozent des Stroms über alternative Energien erzeugen zu können

© 2013 Erhard Beppler
Satz und Layout: Buch&media GmbH, München
Umschlaggestaltung: Kay Fretwurst, Freienbrink
Herstellung und Verlag: BoD – Books on Demand
Printed in Germany
ISBN 978-3-7322-0034-4

Inhalt

1   Einleitung 9

Falsche Klimavorhersagen des International Panel on Climate Change (IPCC) als Wegbereiter für die Energiewende in Deutschland

2   Temperaturen 11

3   Einflussgrößen auf das Klima 14
3.1   Astronomische Ursachen 14
3.1.1   Erdbahngeometrie 14
3.1.2   Einschlag kosmischer Boliden 15
3.1.3   Aktivitäten der Sonne 15
3.1.3.1 Aktivitäten der Sonne und Temperaturen 16
3.1.3.2 Kosmische Strahlung und Wolkenbildung 19
3.1.3.3 El Niño – La Niña 20
3.2   Erdhistorische Betrachtung von Einflussgrößen auf das Klima 21
3.2.1   Vulkanismus 21
3.2.2 CO_2 und Temperaturen 21
3.3   Modellvorstellung des IPCC zum Einfluss von CO_2 auf die Temperatur und Bewertung 23
3.4   Jahreskreislauf des CO_2 und die Absurdität des Vorhabens »Energiewende« 28

4   Auswirkungen der Panikmache der Klimaforscher auf die Menschen und die Energiewende in Deutschland 2010 .. 30
4.1   Klimakonferenzen und ihre Ergebnisse 30
4.2   Energiewende in Deutschland 2010 (Basisszenario A) ... 31
4.3   Handel mit Emissionsrechten für Treibhausgase 32
4.4   Maßnahmen zur Entfernung von CO_2 aus den Rauchgasen und der Kraftwerke (Carbon Capture and Storage – CCS) . 34
4.5   Weitere Überlegungen zur großtechnischen Kontrolle des Klimas 35

5. Energiewende im Jahr 2011 in Deutschland nach Fukushima 36

Konventionelle Stromherstellung und Energievorräte

6   Kraftwerke 39
6.1   Kohlekraftwerke 40
6.2   Gasturbinenkraftwerke 40
6.3   Kernkraftwerke 42
6.4   Kraft-Wärme-Kopplung (KWK) 42
6.5   Energievorräte 43

Alternative Energien und Stromspeicher

7   Alternative Energien 46
7.1   Windenergie 47
7.2   Sonnenenergie 52
7.2.1 Photovoltaik 52
7.2.2 Sonnenwärmekraftwerke 54
7.3   Biomasse 54
7.4   Geothermie 57
7.5   Bedeutung von Wasserstoff- und Methanerzeugung aus überschüssigem Strom als Speicher für die Stromerzeugung 57
7.6   Stromspeicherung und Anbindung an das Stromnetz Norwegen 59

Kosten der Energiewende, Flächenbedarf für alternative Stromerzeugung und Versorgungssicherheit Strom

8   Strompreise der verschiedenen Herstellverfahren und Entwicklung Strompreise durch das »Erneuerbare-Energien-Gesetz« (EEG) 62

9   Stromversorgungssicherheit 65
9.1   Aufbau der Stromnetze in Deutschland und Stromausfall .. 65
9.2   Anschluss der alternativen Energien an das Stromnetz, Netzausbau, Kosten und Einspeiseschwierigkeiten 66

9.3	Grenzüberschreitende Netze	68
9.4	Stromverluste durch Übertragung	69
9.5	Sicherheit der Stromversorgung bei zunehmender Einspeisung über alternative Verfahren	70
9.6	Intelligente Stromnetze und dezentrale Stromversorgung	72
10	Mehrkosten durch die erneuerbare Energien	75
10.1	Stromkosten ausschließlich durch Windanlagen bei Ansatz der EEG-Einspeisevergütung und Gas als Puffer	75
10.2	Herstellkosten Strom ausschließlich über Wind- und Solaranlagen gemäß ihrer Einplanung in die Stromversorgung bis 2050 nach dem EEG	80
10.3	Flächenbedarf für die Wind- und Solaranlagen sowie Biomasse nach dem Plan der »Energiewende 2050«	92

Nachbetrachtung

11	Fusionsreaktor	95
12	Angst, Moral und Glaube als Machtmittel der Politik, Medien, Nichtregierungsorganisationen und der Kirche	97
13	Schlussbemerkung	101

Anhang	105
Endnoten	105
Literaturverzeichnis	107
Anlagen	109
Bildnachweis	114
Danksagung	114

1 Einleitung

Das Wort »Energiewende« hat alle Chancen, neben »Angst«, »Schadenfreude«, »Blitzkrieg« etc. in den angloamerikanischen Wortschatz aufgenommen zu werden. Es handelt sich um ein Phänomen, das vom Rest der Welt als typisch deutsch angesehen wird. Es bleibt jedoch abzuwarten, welchen Stellenwert »The German Energiewende« am Ende im Sprachgebrauch von Amerikanern und Briten einnehmen wird.

Die Diskussionen in Deutschland zum Thema Energiewende sind praktisch ausschließlich emotional, bisweilen zeigt sich sogar ein religiöses Sendungsbewusstsein. Von nüchterner und sachlicher Aufarbeitung des Problems ist keine Spur.

So sagte Bärbel Höhn, seit 2006 Stellvertretende Vorsitzende der Bundestagsfraktion Bündnis 90/Die Grünen und von 1995 bis 2005 Umweltministerin des Landes Nordrhein-Westfalen, im März 2012: »Mit dem Bau von Solaranlagen mit insgesamt 20 Gigawatt auf deutschen Dächern können zwölf Kernenergieanlagen stillgelegt werden.«

Norbert Röttgen, von 2009 bis 2012 Bundesminister für Umwelt, Naturschutz und Reaktorsicherheit, schreibt: »Experten halten einen Ausbau der Offshore-Windkraft bis zum Jahr 2030 auf bis zu 25 Gigawatt für realistisch. Das entspricht 25 Kernenergieanlagen.« Beide verschleiern die Realität und verschweigen, dass zuweilen Windstille herrscht und die Sonne nicht immer scheint.

Das Erweckungserlebnis der zum neuen Glauben konvertierten ehemaligen Kernenergiebefürworter war die Nuklearkatastrophe Fukushima 2011. Bezeichnenderweise waren nach dem Ereignis für den ins Leben gerufenen »Ethikrat« Ethik und Moral ausschlaggebend, nicht Physik oder die Technik. So setzte sich der Ethikrat zusammen aus Bischöfen, Soziologen, Politikern etc., die die Kernfrage der Funktionalität des Vorhabens nicht diskutieren konnten.

Stand das Vorhaben Energiewende schon im Winter 2011/2012 kurz vor dem Aus (es mussten alle verfügbaren Kraftwerke ohne Rücksicht auf Kosten angeworfen werden, eine Reserve war nicht mehr vorhanden), so wird es in den nächsten Jahren zum eigentlichen Härtetest kommen.

Ob am Ende der »Ethikrat« das Wort Ethik verdient, ist mehr als fraglich, wurde doch durch den Anstieg der Stromkosten bereits etwa 600.000 Familien der Strom abgeklemmt.

Der Ausstieg aus der Kernenergie (»Energiewende« im Jahr 2011) mit dem Resultat des Anstieges der alternativen Energien bei der Stromerzeugung auf mindestens 80 Prozent und einer Absenkung des gesamten CO_2-Ausstoßes um mindestens 80 Prozent (eher 95 Prozent bis 2050) hat die »Energiewende« im Jahr 2010 fast vergessen gemacht.

Der Intergovernmental Panel on Climate Change (IPCC), der Klimarat der Vereinten Nationen (gegründet 1988), hatte insbesondere den Deutschen durch gefälschte Temperaturmessungen (um einen hohen Temperaturanstieg vorzutäuschen) und über wissenschaftlich fragwürdige Modelle zum Einfluss von CO_2 auf die Klimaerwärmung Angst und Schrecken eingejagt mit der Folge der »Energiewende« im Jahr 2010.

Die Deutschen folgten gemäß der vom IPCC aufgebauten CO_2-Hysterie einer zunächst von den Grünen, später von der Regierung unter Merkel geforderten »Energiewende«.

Die folgende Ausarbeitung wird die Falschaussagen des IPCC zum Klimawandel aufdecken, die letztlich zur »Energiewende« führten, die technischen Unzulänglichkeiten und die Folgen dieser Energiewende für Deutschland aufzeigen sowie die entstehenden Mehrkosten sichtbar machen.

Das Augenmerk wird dabei nicht so sehr auf die Kostenentwicklung in der Übergangsphase der Energiewende bis 2050 durch die im »Erneuerbare-Energien-Gesetz« festgelegten Einspeisevergütungen für die erneuerbaren Energien gelegt, die von der Bundesregierung mit kläglichen Argumenten versucht wird, kleinzureden, sondern auf die Zeit nach 2050, wenn nicht mehr die Einspeisevergütungen, sondern die wirklichen Herstellkosten für die Wind- und Solaranlagen maßgeblich sein werden.

Es wird ebenso geprüft, ob bei dem gegebenen volatilen Verhalten der Stromerzeuger Wind und Solar überhaupt ein Stromanteil über alternative Energien von 80 Prozent (wie im EEG festgelegt) oder gar 100 Prozent (von den Grünen und diversen Umweltverbänden gefordert) eingestellt werden kann.

Falsche Klimavorhersagen des Intergovernmental Panel on Climate Change (IPCC) als Wegbereiter für die Energiewende in Deutschland

2 Temperaturen

Bevor auf die Temperaturentwicklung der letzten 150 Jahre eingegangen wird, die vom IPCC zum Anlass genommen wird, den Menschen zum Klimawandel Angst und Schrecken einzujagen, zunächst eine kurze Rückbetrachtung des Temperaturverlaufs der Erde.

Durch die Veränderung der Umlaufbahn der Erde um die Sonne von kreisförmig zu elliptisch im Zeitraum von etwa 100.000 Jahren wurden die Temperaturen auf der Erde gewaltig verändert. Während der kreisförmigen Umlaufbahn bilden sich die Warmzeiten aus (wie auch die jetzige) und während der elliptischen Umlaufbahn durch den zunehmenden Abstand Sonne/Erde die Eiszeiten.

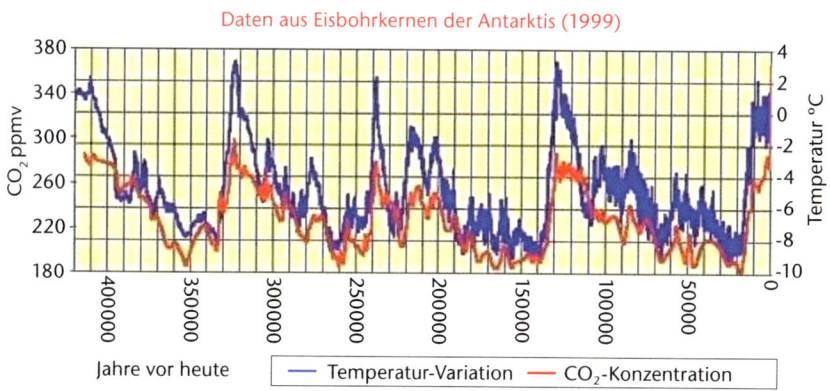

Quelle: Petit et. al; Nature, Vol 399, 3 Juni 1999

Bild 1: Einfluss der Temperatur auf den CO_2-Gehalt der Atmosphäre

Bemerkenswert ist der versetzte Gleichlauf von Temperatur und dem ebenso dargestellten CO_2 in der Atmosphäre. Ursache ist die mit steigender Temperatur abnehmende Löslichkeit von CO_2 in Wasser. Da das Wasser wesentlich über die Atmosphäre erwärmt wird, muss der Anstieg des CO_2-Gehaltes in der Atmosphäre später erfolgen (die Ozeane enthalten etwa 40 Mal so viel CO_2 wie die Atmosphäre).

Den Temperaturverlauf innerhalb der jetzigen Warmzeit zeigt Bild 2:

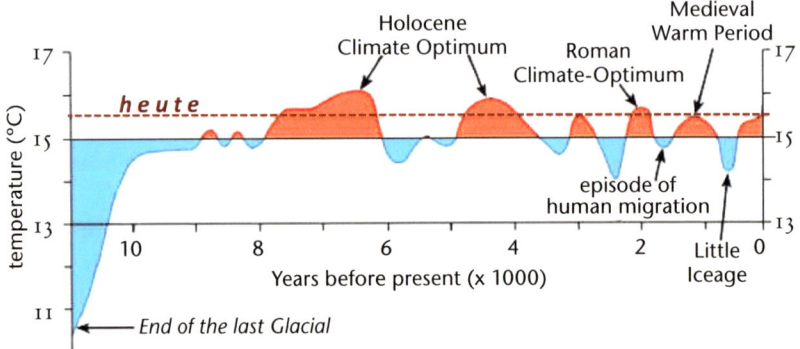

Average near-surface temperatures of the northern hemispere during the past 11 000 years (after Dansgaard et al., 1969, and Schönwiese, 1995)

Bild 2: Warmphasen nach der letzten Eiszeit

Die wärmste Phase in der jetzigen Warmzeit ereignete sich 4000–8000 Jahre vor heute, im »Holozänen Klimaoptimum«. Die Alpen waren damals eisfrei, die Menschen wurden sesshaft (Neolithische Revolution). Es folgten eine Reihe weiterer Warmphasen, die praktisch alle wärmer waren als die jetzige. In den Warmphasen bildeten sich die Hochkulturen der Menschen aus.

Die jetzige Warmphase wird vom IPCC in unverantwortlicher Art und Weise als ein apokalyptisches Ereignis bezeichnet und das vom Menschen verursachte CO_2 für diesen Temperaturanstieg verantwortlich gemacht, obwohl die Warmphasen vor der jetzigen ohne menschlich verursachtes CO_2 praktisch alle wärmer waren und inzwischen die Temperaturen trotz steigender CO_2-Gehalte seit etwa 15 Jahren stagnieren bzw. abfallen (vgl. dazu S. 25).

Die Temperaturen werden auf etwa 10% der Erdoberfläche gemessen. Anfang der 1990er-Jahre wurde die Zahl der Messstellen von 6000 auf 1500 reduziert. Just in dieser Zeit schoss die statistische globale Temperaturkurve besonders stark in die Höhe: Es wurden überproportional viele Stationen im ländlichen Raum, in größeren Höhenlagen sowie in nördlichen Breiten aus den Verkehr gezogen.

Darüber hinaus fälschte das CRU-Institut in England Temperaturkurven, die Eingang fanden in den letzten Weltklimareport des IPCC. In Deutschland wird die Veröffentlichung dieser Fälschungen weitgehend unterbunden. Dieser Vorgang ging dann um die Welt als »Climategate«.[1]

Seit den 1970er-Jahren hat man nun erstmals die Möglichkeit, die Temperaturen über die gesamte Erde mit Satelliten zu messen und nicht nur über mit vielen Unzulänglichkeiten behaftete Bodenmessstellen. Die Satellitenmessungen stimmen untereinander (mehrere Satelliten) und mit Ballonmessungen gut überein.

Eine Gegenüberstellung der Temperaturmessungen der Bodenstationen mit den Satellitenmessungen zeigt erwartungsgemäß einen deutlich flacheren Anstieg der Temperaturen über die Satelliten gemessen, was die Richtigkeit der Messungen der Bodenstationen infrage stellt.[2]

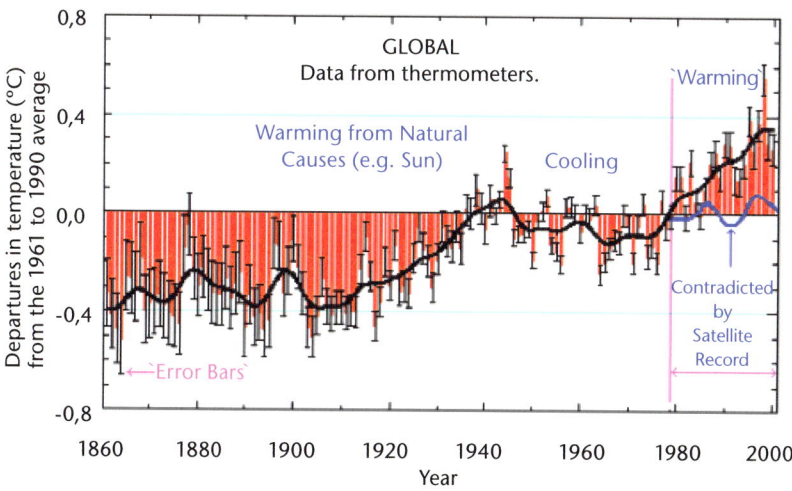

Bild 3: Temperaturmessungen am Boden und über Satelliten

3 Einflussgrößen auf das Klima

3.1 Astronomische Ursachen

3.1.1 Erdbahngeometrie

Die Veränderung in der Erdbahngeometrie wird durch wechselseitige Gravitationskräfte im System Sonne–Erde–Mond hervorgerufen. Sie ändern die Form der elliptischen Erdbahn (Exzentrizität) um die Sonne mit einer Periode von etwa 100.000 Jahren, die Neigung der Erdachse zur Umlaufbahn (21,8–24,5°) mit einer Periode von etwa 41.000 Jahren (Schiefe der Ekliptik), während die Tag-und Nacht-Gleiche auf der elliptischen Umlaufbahn etwa nach 19.000–23.000 Jahren wieder dieselbe Position auf der Ellipse einnimmt (Präzession).[3]

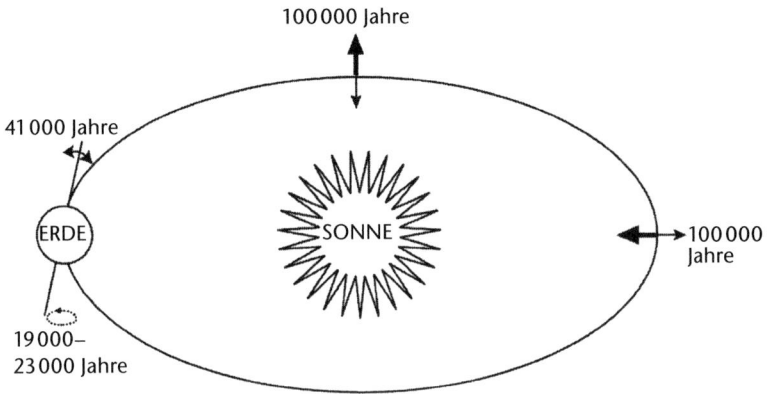

Bild 4: Zyklische Schwankungen der Erdbahn

Dadurch verändert sich periodisch die Verteilung der Sonnenenergie auf der Erde und schwankt zwischen 0,5 und 6%.

Durch die Veränderung der Umlaufbahn der Erde um die Sonne von kreisförmig zu elliptisch im Zeitraum von etwa 100.000 Jahren bilden sich – wie bereits erwähnt – die Warmzeiten aus und während der elliptischen Umlaufbahn die Eiszeiten (siehe Bild 1, S. 11). Auf die Ursachen für die Temperaturschwankungen innerhalb der jetzigen Warmzeit wird später eingegangen.

3.1.2 Einschlag kosmischer Boliden

Unzählige Himmelskörper sind auf der Erde eingeschlagen. Der wohl bekannteste mit einem Durchmesser von 9,5 km fiel vor 65 Mio. Jahren in den heutigen Golf von Mexiko und zerstörte durch Abschirmung des Sonnenlichtes durch Staubwolken, Feuersbrünste, Orkane, Flutwellen, Wolkenbrüche mit sauren Regen ganze Populationen, nicht zuletzt die Saurier.

3.1.3 Aktivitäten der Sonne

Der solare Kernfusionsreaktor produziert Gammastrahlung, die in eine breite Palette elektromagnetischer Wellen umgewandelt wird. Sie reichen von den Radiowellen über das sichtbare Licht und UV-Strahlung bis hin zur Röntgenstrahlung.

Einige Elemente der Erdatmosphäre (H_2O, CO_2 etc.) absorbieren bei bestimmten Wellenlängen mit genau definierter Energie die Sonnenstrahlen.

Neben elektromagnetischer Strahlung stößt die Sonne aus ihren äußeren Schichten auch noch feste Materie aus und verteilt diese in der Nachbarschaft.

Von dem elektromagnetischen Energiestrom (Strahlen) erreicht etwa die Hälfte der eigentlichen Sonnenstrahlung die Erde, nachdem die Atmosphäre ihren Teil absorbiert hat und ein Teil reflektiert wurde.

Die elektrisch geladenen Teilchen des Sonnenwindes und anderer kosmischer Quellen werden bereits im Anflug auf die Erde in mehreren 1000 Kilometer Höhe vom irdischen Magnetfeld fast vollständig gefangen (Van-Allen-Strahlungsgürtel). Bei heftigen Sonnenstürmen können auch Teilchen in das irdische Magnetfeld gelangen (z.B. in elektrische Überlandleitungen).

Heute wird die Sonnenfleckenmessung durch zwei weitere Messungen ergänzt: Stärke des solaren Magnetfeldes und die solare Strahlungsstärke, Letztere über Satelliten.

Die Sonnenflecken entstehen durch Strömungsvorgänge im Sonneninneren und im sich ständig ändernden Magnetfeld der Sonne, das sich ungefähr alle 11 Jahre umpolt. Nach insgesamt 22 Jahren ist die ursprüngliche Ausrichtung wieder erreicht. Die Sonnenaktivität unterliegt mehreren kürzeren und längeren Zyklen:

Zyklenname	Periode in Jahren	Schwankungsbreite in Jahren
Schwabe	11	9–14
Hale	22	18–26
Gleissberg	87	60–120
Suess/de Fries	210	180–220
Eddy	1000	900–1100
Hallstatt	2300	2200–2400

Die Aktivitäten der Sonne können neben den direkten Messungen auch über den radioaktiven Kohlenstoff C14 gemessen werden (bei stärkerer Sonnenstrahlung entsteht in der oberen Atmosphäre über CO_2 weniger C14, der in Pflanzen eingebaut wird).

Satellitenmessungen der vergangenen Jahrzehnte haben ergeben, dass der Unterschied zwischen Maximum und Minimum eines 11-Jahres-Sonnenzyklus nur etwa 0,1% beträgt, wenn der gesamte Wellenlängenbereich der Sonnenstrahlung undifferenziert betrachtet wird. (Bild 5)[4]

Betrachtet man dann die Änderung der solaren Gesamtstrahlung am Erdboden, so ist sie 10-fach höher als am oberen Rand der Erdatmosphäre (vgl. S. 18). Es muss also irgendetwas in der Erdatmosphäre geschehen, was die Schwankungen signifikant verstärkt.

Aber ein anderer Parameter verändert sich im Verlaufe eines solaren 11-Jahres-Zyklus um 10–20%: die Intensität der kosmischen Strahlung.

Aus Bild 5 wird deutlich, dass das Sonnenmagnetfeld für die Erde eine Art Schutzschild vor kosmischer Bombardierung darstellt.

3.1.3.1 Aktivitäten der Sonne und Temperatur

Zunächst muss darauf hingewiesen werden, dass nicht alle Regionen der Erde in gleicher Weise auf solare Strahlungsänderungen reagieren. So zeigen Analysen, dass der 11-Jahres-Zyklus wohl besonders in mittleren Breiten und den Tropen seine klimatische Wirksamkeit entfaltet.

Die langfristige Klimaentwicklung war maßgeblich durch den 1000-Jahres-Zyklus geprägt (z.B. römische und mittelalterliche Warmphase). Diese Aussage ist im Zusammenhang mit dem 0,8-°C-Temperaturanstieg ab 1850 von Interesse und dem damit verquickten Einfluss von CO_2 nach der Aussage des IPCC.

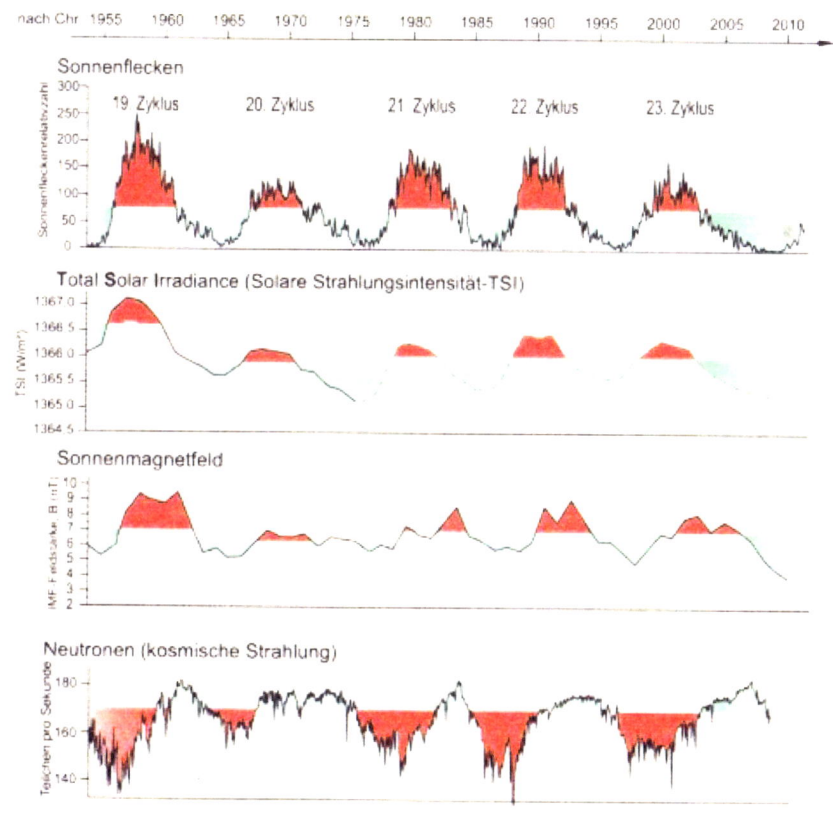

Bild 5: Aktivität der Sonne und kosmische Strahlung

Aus der Zeit vor dem 17. Jahrhundert liegen keine systematischen Sonnenfleckenbeobachtungen vor. Die Rekonstruktion der solaren Aktivitäten vor dieser Zeit geschieht daher über sogenannte kosmogene Nuklide (C14; Be10), die durch kosmische Strahlung erzeugt werden.

Je stärker die kosmische Strahlung, desto höher die Konzentration der kosmogenen Nuklide, desto weniger aktiv die Sonne.

In Bild 6 sind nun die seit 1700 gemessenen Sonnenflecken, die solaren Strahlungsgrößen ab dem 16. Jahrhundert sowie das Sonnenmagnetfeld aufgetragen und mit der Temperaturentwicklung verglichen.[5] Der Strahlungsanstieg vollzieht sich zwischen der Inaktivitätsphase des Maunder-Minimums und dem späten 20. Jahrhundert, als bemerkenswert hohe Strahlungswerte erreicht wurden mit der Folge einer deutlichen Erwärmung. Weitere Beziehungen zwischen der Sonnenaktivität und der Temperaturentwicklung sind in weiteren Berichten dargestellt.[6]

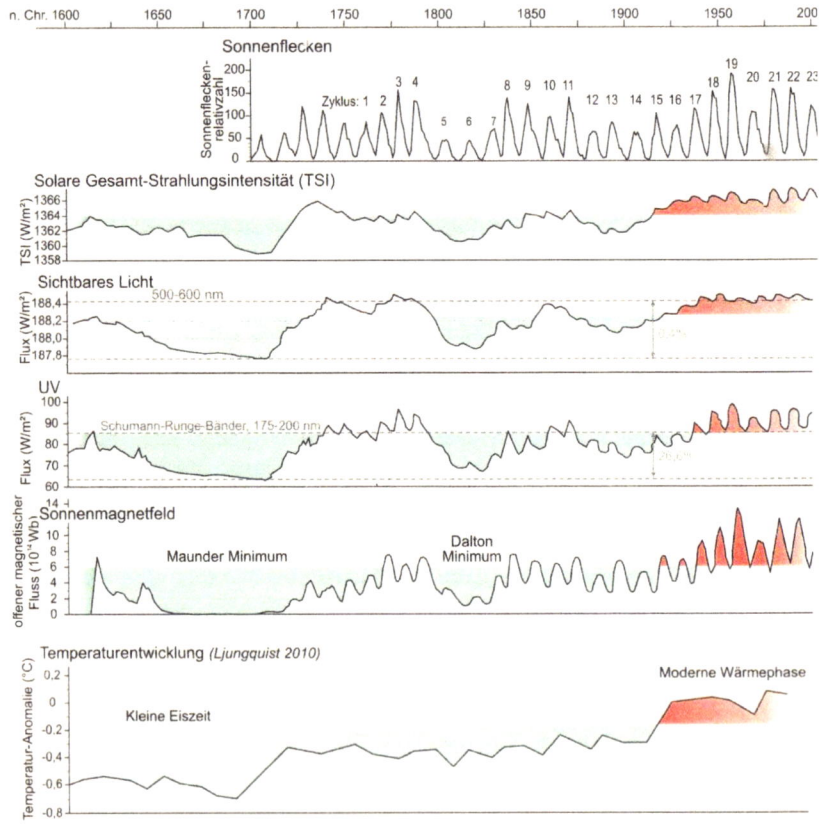

Bild 6: Einfluss der Sonne auf die Temperatur

Das Ende der kleinen Eiszeit im 19. Jahrhundert ist gleichzeitig der Startpunkte für die moderne Klimaerwärmung.

Die Klimaerwärmung der vergangenen 150 Jahre ist somit keinesfalls etwas Einmaliges, wie es vom IPCC ständig suggeriert wird.

3.1.3.2 Kosmische Strahlung und Wolkenbildung

Die per Satellit gemessenen Schwankungen der Sonnenstrahlungsintensität reichen nicht aus, um die beobachteten Abkühlungen und Erwärmungen zu erklären. Es wird also ein Verstärkungsmechanismus benötigt.

Am europäischen Kernforschungszentrum CERN in Genf haben Atmosphärenphysiker unter der Leitung von Jasper Kirkby nachgewiesen, dass energiereiche Teilchen von explodierenden Sternen, die als kosmische Strahlung in die Erdatmosphäre eintreten, die Wolkenbildung begünstigen. Die kosmische Strahlung setzt Elektronen frei, die zur Ionisierung, d.h. zur elektrischen Auflagung von Luftmolekülen führt. Die elektrisch geladenen Teilchen können dann zu Keimen der Kondensation von Wasserdampf werden, indem sie andere geladene Wassermoleküle anziehen.

Nun steht die Intensität der kosmischen Strahlung im umgekehrten Verhältnis zur Sonnenaktivität. Ist die Sonnenaktivität hoch, werden mehr kosmische Partikel vom starken solaren Magnetfeld abgelenkt. Ist sie gering, lässt das schwächere Magnetfeld mehr kosmische Strahlung in die Atmosphäre eintreten und es bilden sich mehr tiefe Wolken in den untersten 3 km der Atmosphäre, was zu einer spürbaren Abkühlung der Erde führen muss. (Auch der Däne Henrik Svensmark hatte in den 90er-Jahren eine enge Korrelation zwischen Sonnenaktivität und den irdischen Durchschnittstemperaturen festgestellt, wobei er die Wolken als Zwischenglied für die Temperaturschwankungen verantwortlich machte.)

Tiefe Wolken bilden je nach Größe einen riesigen Sonnenschirm und halten Strahlungsleistung ab, ggf. die Hälfte der von der Sonne ausgehenden Strahlung.

Heute liegen differenzierte Wolkendatensätze für die vergangenen 25 Jahre vor. Es zeigt sich nun, dass der Bedeckungsgrad der tiefen Wolken in enger Beziehung zu der kosmischen Strahlung steht.[7] (Bild 7)

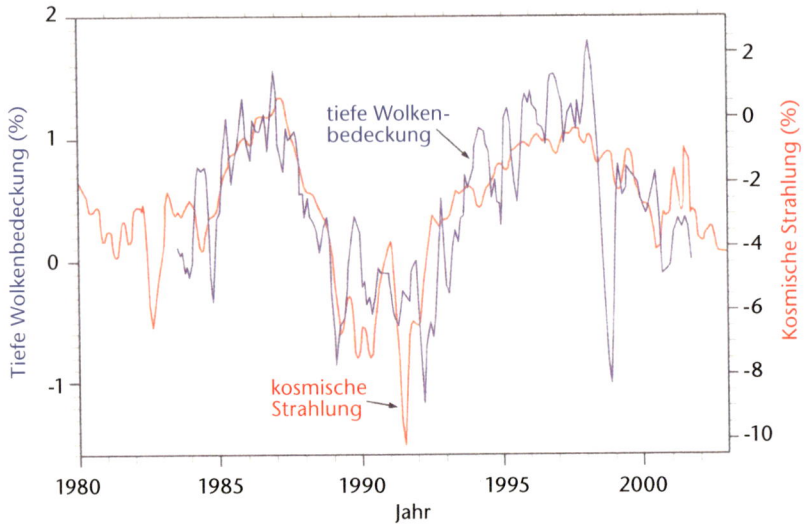

Bild 7: Kosmische Strahlung und tiefe Wolkenbedeckung

3.1.3.3 El Niño – La Niña

Eine Betrachtung der globalen Temperaturkurve der vergangenen 30 Jahre zeigt, dass plötzlich starke Wärmespitzen auftreten. Hinter dem Naturspektakel steht El Niño, der den tropischen Pazifik alle zwei bis sieben Jahre typischerweise um die Weihnachtszeit heimsucht.

Dabei kommt es zu einer starken Erwärmung der obersten Wasserschicht dieser Region.

Gleichzeitig tauschen auch die Hoch- und Tiefdruckgebiete ihre angestammten Plätze, sodass sich während El-Niño-Ereignissen Luft- und Meeresströmungen teilweise umkehren. Dies hat Folgen für den gesamten Globus.

Neuere Untersuchungen haben ergeben, dass diese El-Niño-Erscheinungen durch solare Ereignisse unmittelbar ausgelöst werden.

Neben den El-Niño-Spitzen finden sich in der Temperaturkurve auch scharfe Abkühlungsereignisse, die ein bis drei Jahre andauern, bevor sich schließlich wieder das Temperaturnormalniveau einstellt. Diese Abkühlungen gehen zum einen auf das Konto von La Niña.

3.2 Erdhistorische Betrachtung von Einflussgrößen auf das Klima

3.2.1 Vulkanismus

Während der Erdgeschichte gab es immer wieder starke Vulkanausbrüche, z.B. Santorin (1627 v. Chr.), Vesuv (79 n. Chr.), Tambora (1815), Krakatau (1883), bei denen Gase (u. a. H_2O, CO_2, SO_4), Staubpartikel und Aerosole in die Atmosphäre geschleudert wurden, teilweise bis in die Stratosphäre, manchmal sogar in die Mesosphäre. Dort können sie teilweise ein bis drei Jahre verweilen und die Sonnenstrahlen reflektieren und absorbieren. Dies führte zu einer Abkühlung der unteren Atmosphäre mit Schnee im Sommer (Tambora, Krakatau).

Die Explosion des Tambora auf den kleinen Sunda-Inseln im Jahr 1815 war derart stark, dass weltweit mehrere Jahre der Abkühlung, der Missernten und des Hungers folgten.

Die Wissenschaft geht davon aus, dass durch die Explosion des Toba vor 74.000 Jahren in der letzten Eiszeit weltweit nur etwa 2000 Menschen überlebten.[8]

3.2.2 CO_2 und Temperaturen

CO_2 entsteht durch Zersetzung von Biomasse, aus der Verbrennung von Kohle, Öl, Erdgas, aus der Verwitterung von Gesteinen, durch die Ausgasung der Meere etc. sowie aus Vulkanausbrüchen und ist schwerer als Luft (1,96 zu 1,29 g/l). Daher kann man mit CO_2 Feuer löschen oder im Theater Bodennebel erzeugen. Außerdem lässt es Pflanzen schneller wachsen. Bei etwa 180 ppm CO_2 wachsen keine Pflanzen mehr.

Der Anstieg des CO_2-Gehaltes in der Atmosphäre mit der Temperatur seit etwa 1850 hat zu einer Klimahysterie geführt, wenn auch in der Zeit nach 1940 (bis 1970) die Temperatur trotz steigender CO_2-Gehalte abnahm (siehe Bild 3, S. 13).

Eine kritische Ursachenforschung erfolgte nicht. Parallelität heißt jedoch nicht zwangsläufig Kausalität.

Weltweit wurden Klimaforschungsinstitute gegründet mit mehreren Mrd. Euro Unterstützung pro Jahr, um den angeblich durch CO_2 ausgelösten Temperaturanstieg (»Treibhauseffekt«) zu untersuchen (vgl. S. 23).

Der Temperaturabfall nach 1940 steht jedoch in enger Beziehung zu der Intensität der Sonnenstrahlen.[9] Zu dem gleichen Ergebnis kommen Untersuchungen an dem Temperaturverlauf der arktischen Luft als Funktion der solaren Einstrahlung.[10]

Wurde Anfang der 70er-Jahre von den Klimaforschern und den nach Sensationen hechelnden Medien noch die bevorstehende Eiszeit mit Mrd. Toten ausgerufen, so wendete sich danach das Blatt. Von den gleichen Forschern und Medien wurde nun eine apokalyptische Erwärmung der Erde vorausgesagt mit jährlich 300.000 Toten und ab 2030 sogar einer halben Million jährlich, sodass die Welt inzwischen auf eine 40-jährige Angstkanonade durch Klimaforscher und Medien zurückblicken kann.

Es ist bereits darauf hingewiesen worden, dass in den letzten vier Eiszeiten ein genereller Anstieg des CO_2-Gehaltes mit der Temperatur stattfand, wobei der CO_2-Anstieg nach dem Temperaturanstieg erfolgte. Ursache für den CO_2-Anstieg ist die abnehmende Löslichkeit von CO_2 im Meer mit steigender Wassertemperatur.

Der gemessen an der Temperatur verzögerte Anstieg des CO_2-Gehaltes ist auf die langsame Aufheizung der Meere zurückzuführen.

In den letzten Jahren ist man zu der Erkenntnis gelangt, dass die in den Eisbohrkernen gemessenen CO_2-Gehalte aus den verschiedensten Gründen um 30–50% zu niedrig liegen. Dies ist im Wesentlichen darauf zurückzuführen, dass
a) die Bohrkerne aus bis zu 3 km Tiefe geborgen werden und durch die Bohrflüssigkeit verunreinigt werden,
b) das Eis nach der Bohrung dekomprimiert wird und sekundäre Gasblasen entstehen,
c) Eis CO_2 löst.

Dies wird auch bei einem Vergleich mit seit 1812 chemisch gemessenen CO_2-Gehalten deutlich, die um 1820 und 1940 deutlich höher lagen als heute (Mauna Loa).[11] Der gemessene Anstieg der CO_2-Gehalte nach 1960 (Mauna Loa) mit Werten von zurzeit etwa 0,038% ist also keineswegs – wie von einigen Klimatologen behauptet – ein außergewöhnliches Ereignis. (Bild 8)

3.3 Modellvorstellung des IPCC zum Einfluss von CO_2 auf die Temperatur und Bewertung

Gegen alle wissenschaftlichen Erkenntnisse zum Zusammenhang von Temperatur und CO_2 entwickelte das IPCC Modelle, nach denen insbesondere CO_2 die von der Erde ausgehende Strahlung absorbiert und diese Wärme wieder zur Erde zurückstrahlt (sogenannter Treibhauseffekt).

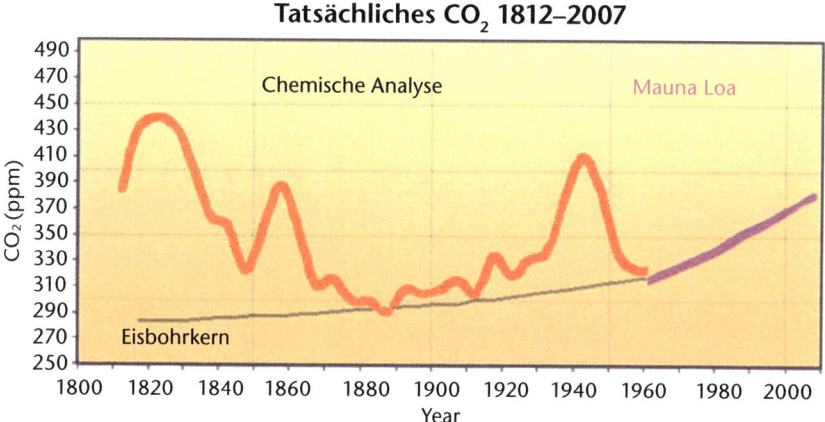

Bild 8: Gemessene CO_2-Gehalte in der Atmosphäre nach 1812

In Wirklichkeit ist der echte Treibhauseffekt des Glashauses mit der unterdrückten Konvektion zu erklären und nicht mit Absorptionseigenschaften der Glasscheiben. Das Glashaus ist also ein geschlossenes System im Gegensatz zur Erde, die gegenüber dem Weltall keine Systemgrenze aufweist.

Die Vorstellung des IPCC zum Treibhauseffekt und zum Einfluss des CO_2 ist aus einer Reihe von Gründen nicht möglich und missachtet physikalische und thermodynamische Gesetzmäßigkeiten.[12]

Alle von der Sonne herrührende Strahlungsenergie wird von der Erde – zeitverschoben und mit einem veränderten Spektrum – in gleicher Energiemenge wieder abgestrahlt. Wäre hier kein Gleichgewicht, würde die Erde verglühen oder erfrieren. Treibhausgase (insbesondere H_2O, CO_2

etc.) sowie Wolken verhindern teilweise die direkte Abgabe der vom Erdboden und von den Meeren emittierten Infrarotstrahlung in das Weltall. Die Natur antwortet auf die unausgeglichene Bilanz mit einer vorübergehenden Temperaturstagnation des Erdbodens.

Das IPCC hat im Laufe der Zeit seine Vorstellung vom Treibhauseffekt durch CO_2 wiederholt modifiziert. Folgende Vorstellungen sind im Einzelnen vertreten (in zeitlicher Reihenfolge):

1. CO_2 reichert sich in der oberen Troposphäre an (vgl. Arrhenius) und hat die Wirkung wie in einem Treibhaus. Die kurzwelligen Sonnenstrahlen dringen durch die Atmosphäre bis zur Erde, und die von der Erde ausgestrahlten langwelligen Strahlen werden an der CO_2-reichen Schicht in 6–10 km Höhe (-53° C) reflektiert.
2. Es wird davon ausgegangen, dass die von der Erde ausgehende Strahlung von CO_2 absorbiert wird und dass die Wärme wieder zur Erde zurückgestrahlt wird (Stellungnahme zu 1. und 2. siehe Endnote [13], S. 105).
3. Inzwischen hat das IPCC erkannt, dass mit der Wirkung von CO_2 alleine die ausgewiesene Temperaturerhöhung über CO_2 nicht erklärt werden kann, man suchte nach einem Verstärker der Wirkung von CO_2. Wasserdampf und Wolken sollen nun die Schuldigen sein, dass sich die Wärmewirkung von CO_2 vervielfacht. Obwohl die Rückkopplungsmechanismen beim IPCC noch nicht richtig verstanden werden, verwendet das IPCC den Verstärkereffekt großzügig. Das führt dazu, dass im IPCC-Bericht von 2007 eine Temperaturerhöhung von 2–4,5° C für eine CO_2-Verdopplung angenommen wird.

Hier noch einmal die wesentlichen Argumente, weshalb der Einfluss von CO_2 auf das Klima vernachlässigbar ist:
1. Die von der Sonne ausgehende Strahlung wird etwa wie folgt umgelenkt:
    – 20% Reflektion durch Wolken
    – 6% Rückstrahlung der Luft
    – 4% Reflexion der Erdoberfläche
    – 16% Absorption durch Wasserdampf, Ozon, CO_2 etc.
    – 4% Absorption in Wolken, sodass nur 50% der Sonnenstrahlung auf der Erd- und Wasseroberfläche ankommen[14]

2. Dies bedeutet, dass die strahlungsintensiven Substanzen in der Erdatmosphäre (H_2O, CO_2 etc.) die Atmosphäre kühlen, indem sie Wärme aus der Atmosphäre ins All zurückstrahlen (2. Hauptsatz der Thermodynamik: Wärme fließt nur von warm nach kalt). Damit ist bereits hier widerlegt, dass die sogenannten Treibhausgase zur Erwärmung der Erde beitragen. Eine Reflexion zur Erde kann es aus thermodynamischen Gründen nicht geben.
3. Selbst wenn eine Reflexion zur Erde möglich wäre, könnte CO_2 die Rückstrahlung der Erde ins All (4–18µm) nur um 15µm marginal beeinflussen.
4. Hinzu kommt, dass die Absorptionsgeschwindigkeit des CO_2 so hoch ist, dass bereits das natürliche CO_2 so gut wie alles spezifische Infrarotlicht absorbiert, sodass eine Konzentrationserhöhung durch anthropogenes CO_2 zur weiteren Erderwärmung marginal wäre.[15] Der CO_2-Naturkreislauf weltweit liegt gegenwärtig bei rd. 230 Gt C/a, wovon lediglich 2,6% aus der Verbrennung von Kohle, Öl und Gas entstammen, ein marginaler Anteil (vgl. Kapitel 3.4 »CO_2-Kreislauf«).[16]
5. Kalt- und Warmzeiten hat es schon immer gegeben, auch ohne anthropogenes CO_2.
6. Nicht zuletzt ist anzumerken, dass die Temperatur seit etwa 1998 stagniert bzw. abnimmt, obwohl der CO_2-Gehalt der Atmosphäre weiter ansteigt.

Die von einer Reihe von Klimatologen und dem IPCC verbreitete Vorstellung von CO_2 als »Treibhausgas« ist daher als absurd zu bezeichnen.

Die Computersimulationen des IPCC auf der Basis seiner Modellvorstellungen, die das Klima für die nächsten 100 Jahre voraussagen sollen, sind künstliche Konstrukte ohne die exakte Anwendung von physikalischen und thermodynamischen Gesetzmäßigkeiten. Ihre Prognosen sind völlig wertlos.

Das zeigen die gescheiterten Versuche, das Klima rückwirkend zu simulieren, es sei denn, man bezieht sogenannte Fließkorrekturen ein, die jedoch den Einfluss des sogenannten anthropogenen Treibhauseffektes um ein Vielfaches übertreffen.[17] Dies ist nicht verwunderlich, da die Modelle 10^{30} Freiheitsgrade aufweisen.[18]

Im Folgenden werden nun die in den vergangenen mehr als 20 Jahren gemachten Prognosen des IPCC mit der Wirklichkeit verglichen.[19]

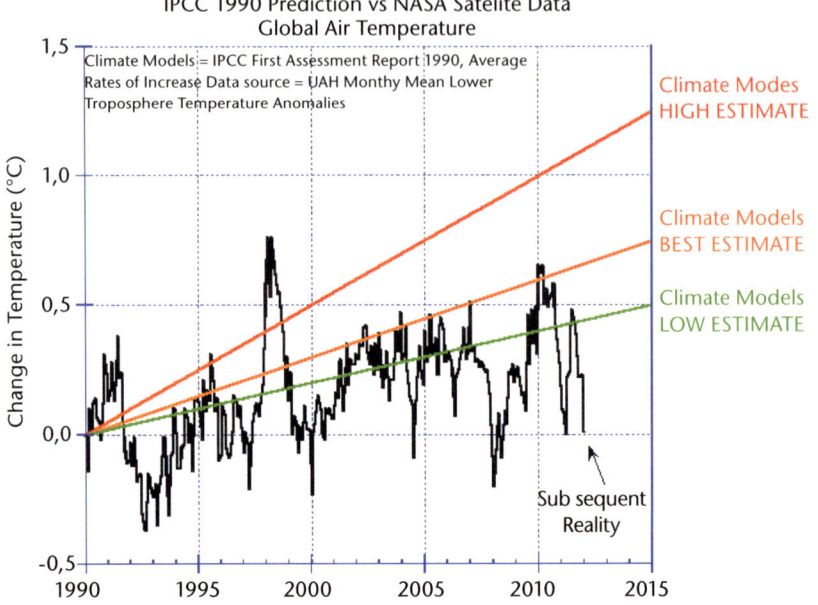

Bild 9: Prognose des IPCC zur Temperaturentwicklung (1990) und gemessene Temperaturen

Bild 9 zeigt die Prognosen von 1990 mit drei Varianten:
1. Unveränderter Anstieg der CO_2-Emissionen – so wie es bis heute stattfindet
2. Geringere CO_2-Emissionen
3. Drastisch verminderte CO_2-Emissionen ab 1988 und kein weiterer Anstieg ab 2000

Da die CO_2-Emissionen bis heute unverändert angestiegen sind, ist ausschließlich das Szenario 1) mit dem tatsächlichen Temperaturverlauf zu vergleichen. Basis für die Temperaturen sind Satellitenmessungen. Das Ergebnis ist für das IPCC niederschmetternd.

In Bild 10 sind die IPCC-Prognosen aus dem Jahr 2007 für die nächsten 100 Jahre grafisch dargestellt.[20]

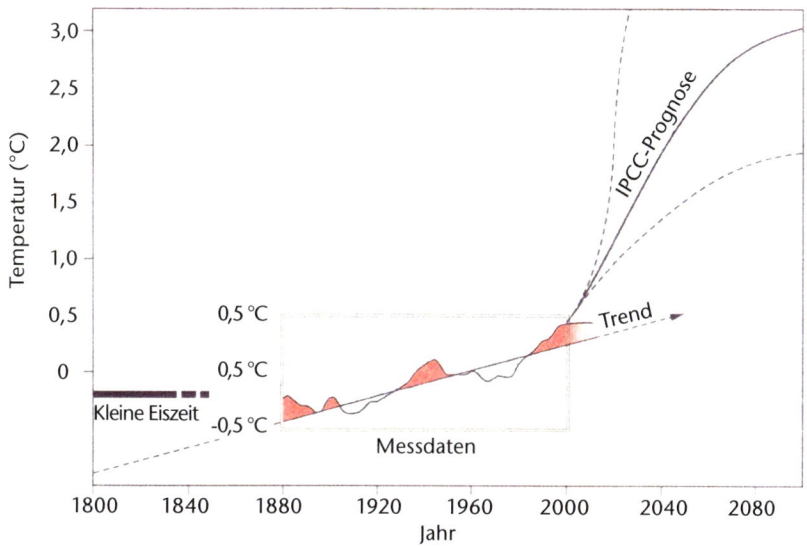

Bild 10: Prognose des IPCC zur Temperaturentwicklung (2007) und gemessene Temperaturen

Die Erwärmungsphase von 1977–2000 wird als Basis genommen – wohl wissend, dass nach der kleinen Eiszeit aus den bereits genannten Gründen eine Erwärmung stattfindet. Dieser Trend wird nicht einmal extrapoliert, sondern es wird mit fragwürdigen Modellen ein Temperaturanstieg (Basis sind hier Temperaturmessungen am Boden) errechnet, der in 100 Jahren zwischen 1,5 und weit über 4,5 °C liegen soll. Ein Einfluss der Sonne wird ignoriert.

Der emeritierte Physikprofessor Harold Lewis tritt 2010 aus der Amerikanischen Physikalischen Gesellschaft aus und bezeichnet die menschlich verursachte Erderwärmung als den »größten und erfolgreichsten pseudowissenschaftlichen Betrug, den ich während meines langen Lebens gesehen habe«. In seiner Rücktrittserklärung gewährt er tiefe Einblicke in die Machenschaften einer durch eine »Flut von Geldern ... korrumpierten« Bagage pseudowissenschaftlicher Berufsverbrecher, deren einziges Interesse die Jagd nach Forschungsgeldern sei.

Die apokalyptischen Aussagen des IPCC jagen den Menschen weiterhin Angst ein. Medien, Parteien und andere Organisationen (z.B. Nichtregierungsorganisationen) profitieren von seinen Aussagen. Weltweit werden mehrere Mrd. Euro jährlich für Klimaforscher ausgegeben, deren Institute seit den 80er-Jahren zur Erforschung des Treibhauseffektes gegründet worden sind und zwangsläufig Apokalyptisches zur Erhaltung ihrer Existenz bieten müssen.

Das deutsche Leitmedium »Spiegel« setzte 1986 sogar den Kölner Dom unter Wasser, was bei den Deutschen tiefe Spuren hinterlassen hat (»German Angst«). In den 70er-Jahren hatte das Nachrichtenmagazin noch die Eiszeit ausgerufen, mit dem Hinweis auf Mrd. von Toten.

In den verschiedenen Religionen und in der Politik wurden schon immer Angst- und Schuldgefühle der Menschen zur Durchsetzung bestimmter Ziele geweckt. Die Angst vor Feuer (Hölle) und Wasser (Sintflut) sind Urängste des Menschen, mit denen man ideologische und politische Ziele erreichen kann.

Norbert Bolz, Professor für Medienwissenschaft an der TU Berlin, sagt: »Umweltpolitik ist längst nicht mehr eine Politik, die auf Alternativen trifft, sondern es ist eine Heilswahrheit. Deshalb meine These, dass es sich um eine Ersatzreligion handelt.«

3.4 Jahreskreislauf CO_2 und die Absurdität des Vorhabens »Energiewende«

CO_2 wird allgemein in Deutschland als ein gefährliches Gas eingestuft. Die Nordelbische Kirche hat bereits eine »klimaschonende Kinderkrippe« eingerichtet. Der Philosoph Peter Sloterdijk spricht von »ökologischem Calvinismus«.

Wie bereits erwähnt, entstammt der CO_2-Gehalt der Atmosphäre aus verschiedenen Quellen. Man spricht von einem Naturkreislauf, der gegenwärtig rund 230 Gt C/a entspricht.[21]

Im Einzelnen teilen sich die jährlichen C-Emissionen über CO_2 ohne vulkanische und nicht vulkanische Bodenausgasungen wie folgt auf:
- Ausgasung Meere (93 Gt/a = 40,4%)
- Atmung Pflanzen (55 Gt/a = 23,9%)
- Atmung der Bodenorganismen und Zersetzung (55 G t/a = 23,9%)

– Menschen und Tiere (15 Gt/a = 6,5%)
– Entwaldung (6 Gt/a = 2,6%)
– Verbrennung fossiler Brennstoffe (6 Gt/a = 2,6%)

Die Photosynthese (nach der Absorption von Licht) gemäß
$$6 CO_2 + 6 H_2O = C_6H_{12}O_6 + 6 O_2 \; (+2882 \, KJ)$$
bzw. die Zersetzung der Glucose
$$C_6H_{12}O_6 \rightarrow y \, CO_2 + z \, H_2O$$

haben einen maßgeblichen Anteil am jährlichen Umsatz. Der heutige Sauerstoffgehalt der Atmosphäre (21%) beruht allein auf der Sauerstoff-freisetzung durch die Photosynthese.

Damit bestimmt der Kohlenstoffnaturkreislauf zu rund 95% entsprechend 0,0361% den CO_2-Anteil in der Atmosphäre bei einer CO_2-Gesamtkonzentration in der Atmosphäre von 0,038%.

Durch die Verbrennung von Kohle, Öl und Gas weltweit fällt lediglich ein Anteil von 2,6% an, entsprechend 0,0010% CO_2 in der Atmosphäre.

Der Anteil Deutschlands durch Verbrennung fossiler Brennstoffe liegt bei 2,7%, bezogen auf den gesamten menschlich verursachten CO_2-Anteil, was einem Anteil in der Atmosphäre von 0,000027% CO_2 entspricht.

Geht man davon aus, dass von dem CO_2-Ausstoß Deutschlands 39% aus Kraftwerken für die Stromerzeugung entstammen und dass dieser Anteil gemäß der »Energiewende« um mindestens 80% reduziert werden soll, so könnte durch diese Maßnahmen der CO_2-Ausstoß Deutschlands um 2,7 x 0,39 x 0,8 = 0,84% vermindert werden, was einer weltweiten Verminderung des CO_2-Ausstoß durch die »deutsche Energiewende« von 0,000008% entspricht.

Diese Verminderung ist nur mit hohem Aufwand und mit hoher Unsicherheit messbar und bei Umsetzung der Energiewende mit Mehrkosten für Deutschland – vorgreifend auf die nächsten Kapitel – von mehr als 100 Mrd. Euro pro Jahr verbunden (das entspricht einer monatlichen Mehrbelastung je Haushalt von mehr als 200 Euro).

4 Auswirkung der Panikmache der Klimaforscher auf die Menschen und die Energiewende in Deutschland in 2010

Die apokalyptischen Aussagen der Klimaforscher lösten weltweit Angst aus, insbesondere in Deutschland. Nach der Ausrufung der Eiszeit Anfang der 70er-Jahre mit Mrd. Toten durch die Klimaforscher und die Medien wurde ab den 80er-Jahren von den gleichen Forschern und Medien die Klimaerwärmung mit ähnlich vielen Toten propagiert.

4.1 Klimakonferenzen und ihre Ergebnisse

Die apokalyptischen Aussagen der Klimaforscher führten 1988 zur Gründung des IPCC der Vereinten Nationen mit Klimaberichten 1990, 1995 (Grundlage Kyoto), 2001, 2007 usw., nachdem die Deutsche Physikalische Gesellschaft (DPG) 1986 die »Klimakatastrophe« durch CO_2 zur Aufwertung der Kernenergie-Akzeptanz erfunden hatte. Der ursprüngliche »wissenschaftliche« Klimawandel wird vollständig zum politischen Instrument.

Die bis zum Jahr 2009 erreichte tatsächliche Veränderung des weltweiten Treibhausgasausstoßes gegenüber dem Basisjahr 1990 und der Vergleich mit dem Kyoto-Ziel sind nicht ermutigend.

Ausgerechnet die größten Emittenten (China und Indien hatten 1995 in Kyoto ohnehin die Vereinbarung nicht unterzeichnet) wie nun auch noch USA, Russland, Japan und Kanada haben 2011 ihren Ausstieg aus der Kyoto-Verpflichtung angekündigt. Damit emittieren die verbliebenen Industriestaaten unter den Kyoto-Mitgliedern, vor allem die EU neben Schweiz, Australien und Neuseeland, am Ende gerade 15% der global ausgestoßenen Treibhausgase, eine Farce.

Nach dem Desaster von Kopenhagen 2009 waren die folgenden Weltklimakonferenzen nun auch kein Erfolg. Ein bindender Klimavertrag soll bis 2015 ausgehandelt werden. Für das Inkrafttreten wird der Termin 2020 genannt. Von einem »rechtlich bindenden Abkommen« ist nicht mehr die Rede.

4.2 Energiewende in Deutschland 2010 (Basisszenario A)

Die Folgen dieser tief verwurzelten Klimaängste führten insbesondere in Deutschland zu einer massiven Umstellung auf regenerative Energietechniken zur Stromerzeugung. Diese Energien sind teuer und von den Bürgern und zu geringeren Anteilen der Industrie im Rahmen des »Erneuerbaren-Energien-Gesetzes« (EEG) aufzubringen.

Die Bundesregierung beschloss 2010 im »Energiekonzept 2050«, den Anteil der alternativen Energien zu erhöhen und den CO_2-Ausstoß zu vermindern:

Erneuerbare Energien		CO_2-Minderung
2020	2050	2050
35%	mind. 80%	80–95%

Maßnahmen zur Erreichung der Ziele:
Stromverbrauch (%) -20 (2020) -50 (2050)

(-25% Effizienz, +25% Import aus alternativen Energien: 21GW)

Weitere Maßnahmen zur CO_2-Absenkung:
– Absenkung Kraftstoffverbrauch
– Gebäudesanierung

Gleichzeitig wurde die Laufzeit der Kernkraftwerke zwischen 12 und 20 Jahren verlängert, um den CO_2-Ausstoß geringer zu halten. Würden die Laufzeiten um nur vier Jahre verlängert, müsste bereits 2030 Strom importiert werden – aus Atommeilern (knapp 7% des Strombedarfs 2009).

Basisjahr für die Berechnung der Absenkung des CO_2-Ausstoßes in Deutschland ist das Jahr 1990 mit 1036 Mio. t CO_2/a, also kurz nach der Wende, als in Ostdeutschland noch ein echter Nachholbedarf hinsichtlich der Energieabsenkung bestand. Bei einer Absenkung des CO_2-Ausstoßes in Deutschland um 80% liegt der Ausstoß in 2050 dann bei 207 Mio. t CO_2/a.

Bei dieser Absenkung könnte die Industrie bei der gegebenen Verteilung des CO_2-Ausstoßes weiter produzieren, ein CO_2-Anfall aus Haushalten, Gewerbe und Handel, Energieerzeugung, PKWs und übrigem Verkehr dürfte nicht mehr erfolgen.

Bei einer Absenkung des CO_2-Ausstoßes auf 52 Mio. t CO_2/a (− 95 %) wäre Deutschland komplett deindustrialisiert.

Wenn Deutschland den CO_2-Ausstoß von 1990 bis 2050 um 80 bzw. 95 % vermindert, entsprechend einer jährlichen Abnahme von 13,8 bzw. 16,4 Mio. t/a, so zeigt ein Vergleich mit der jährlichen Zunahme des CO_2-Ausstoßes allein über China in den letzten 10 Jahren von mehr als 500 Mio. t/a erneut die Absurdität dieses Vorhabens »Energiewende«.

4.3 Handel mit Emissionsrechten für Treibhausgase

Der Emissionsrechtehandel, auch Handel mit Emissionszertifikaten genannt, ist ein Instrument der Umweltpolitik mit dem Ziel, Schadstoffemissionen wie CO_2 mit möglichst geringen volkswirtschaftlichen Kosten zu verringern. In der EU wurde der EU-Emissionshandel für CO_2 2005 gesetzlich eingeführt. Dafür muss zuerst eine Obergrenze für bestimmte Emissionen wie z.B. CO_2 innerhalb eines konkreten Gebietes und eines konkreten Zeitraumes politisch festgelegt werden. Für diese Obergrenze werden Zertifikate ausgegeben. Diese Obergrenze kann auch gesenkt werden. Da die Zertifikate frei handelbar sind, wird der Preis für diese Zertifikate durch die Nachfrage bestimmt.

Die Ausgabe der Zertifikate kann in zwei Formen geschehen:
– Zuteilung durch die Politik
– Versteigerung

So müssen Unternehmen zum Betreiben von Anlagen, die hohe CO_2-Emissionen haben, Emissionsrechte vorhalten, die von den Regierungen nach festen Kriterien verteilt werden. Sie können jedoch auch an einer Börse gehandelt werden.

In das System werden zunächst nur Unternehmen mit Feuerungsanlagen mit über 20 MW einbezogen.

Das System hat jedoch Lücken, denn es umfasst nur jene Emissionen, die die Industrie und seit 2012 auch die Luftfahrt ausstoßen. Verkehr und Wohnen, die beiden nächstfolgenden Großemittenten, werden nicht erfasst. Europas Politiker belassen es auch dabei, weil die Betreiber der

12 000 industriellen Großfeuerungsanlagen (EU) vergleichsweise einfach zu überwachen sind (Deutschland: 2000 Anlagen).

Reichen den Betreibern die Zertifikate nicht, müssen sie an der Börse Verschmutzungsrechte zukaufen, nicht gebrauchte Zertifikate können verkauft werden.

Doch das System hat Schwächen. Die Staaten teilten den Betrieben zu viele Verschmutzungsrechte zu, der Börsenpreis konnte seine Modernisierungsanreize nur begrenzt entfalten.

Ab 2013 sollen die Rechte nun versteigert werden. Die Stromkonzerne müssen dann hierzulande ihre Zertifikate zu 100% ersteigern, andere Branchen bekommen sie übergangsweise noch geschenkt. Die Bundesregierung erwartet Mrd.erlöse.

Die Deutsche Bank hat das Volumen des europäischen Emissionshandels in 2009 auf 118 Mrd. Dollar beziffert.

Für den Klimaschutz kommt es zwar darauf an, die Emissionen zu senken – das muss aber nicht in Europa passieren. Deshalb wurden Unternehmen ermuntert, in anderen Teilen der Welt das Entstehen von Treibhausgasen zu vermeiden, gegen Gutschriften, z.B. mit Neubau von regenerativen Energien, Modernisierung bestehender Kraftwerke, Bau von Staudämmen, mit dem Aufforsten von Wäldern, die als »CO_2-Senken« angerechnet werden. 3427 CDM-Projekte (Clean Development Mechanism) hat das zuständige Klimaschutzsekretariat der Vereinten Nationen registriert.

Transparency International befürchtet, dass ein Teil der angeblichen Klimaentwicklungshilfe in dunklen Kanälen versickert.

Es bleibt jedoch festzuhalten, dass die energieintensiven Unternehmen in Europa ab 2013 einen Wettbewerbsnachteil gegenüber nicht europäischen Staaten haben werden, auch wenn der europäische Gesetzgeber eine kostenfreie Zuteilung für die im internationalen Wettbewerb stehenden Industrien zusichert.

Inzwischen sollen 1,4 Mrd. Zertifikate für CO_2 in der EU stillgelegt werden, um die tief liegenden Preise für CO_2 zu erhöhen. Im April 2013 stimmte jedoch das EU-Parlament gegen den Vorschlag der EU-Kommission, 900 Mio. CO_2-Emissionszertifikate vorübergehend aus dem Markt zu nehmen. Bis 2020 sollen die Emissionen nicht um 20%, sondern auf 25–30% reduziert werden, heißt es in einer Studie der Umweltverbände.

Liegen die CO_2-Preise zu niedrig, lohnen Investitionen zur Vermeidung des CO_2-Ausstoßes nicht.

Inzwischen hat das EEG Spuren hinterlassen. Weil die erneuerbaren Energien kostenfrei immer stärker auf den Markt drängen, fallen die Strompreise ab, die Stromerzeugung über die fossilen Kraftwerke lohnt nicht mehr (vgl. Kapitel 8, S. 62). Kraftwerke werden bereits stillgelegt, wodurch die Preise für die Zertifikate verfallen.

4.4 Maßnahmen zur Entfernung von CO_2 aus den Rauchgasen der Kraftwerke (Carbon Capture and Storage – CCS)

Ein Schlagwort der Politik ist nun das CO_2-freie Kohlekraftwerk. Dies vermindert nicht nur den Wirkungsgrad der Kraftwerke von rund 45% auf 30–35%, sondern das frei werdende CO_2 wird verflüssigt und in CO_2-Lagern (leere Kavernen oder poröse Gesteinsschichten) deponiert. Es gibt sogar schon eine EU-Richtlinie zur Lagerung von CO_2. CO_2 kann jedoch wieder unkontrolliert verdampfen. Da es geruchlos ist und schwerer als Luft, kann es sich unbemerkt in Senken ansammeln. Mit über 5% in der Luft ist es tödlich. Bekannt ist das Beispiel von Kamerun, wo 1986 1700 Menschen durch CO_2-Ausbrüche ums Leben kamen.[22]

Für die Entwicklung von CCS stehen 2 Mrd. Euro zur Verfügung, die auch die Stromkunden bezahlen müssen.

Gegen das Verpressen von CO_2 in den Boden regt sich Widerstand, so etwa im Osten Brandenburgs, wo Bürgerinitiativen gegen CCS mobil machen.

Die Internationale Energieagentur (IEA) in Paris ermittelte, dass bis 2020 weltweit der Bau von 100 Anlagen, 10000 km Transportleitungen und unterirdischem Speicherraum für 1,2 Mrd. t CO_2 notwendig sei (»Süddeutsche Zeitung«, 2.2.2011).

Ein Gesetzentwurf des Bundestages vom 7. Juli 2011 sieht vor, dass CO_2 in Deutschland zur Erprobung der Technik bis 2017 befristet im Untergrund gespeichert werden kann. Den Ländern wird eingeräumt, das Verpressen von CO_2 zu verbieten.

Der französische Energiekonzern Total pumpt am Fuß der Pyrenäen stündlich 4 t CO_2 in ein früheres Erdgasfeld.

Vattenfall hat seine Pläne für das erste deutsche Mrd.projekt zur unterirdischen CO_2-Speicherung abgesagt. Grund sei die Hängepartie um das

Gesetz zur Abtrennung und Speicherung von CO_2 bei Kohlekraftwerken. Die 1,5 Mrd. Euro teure Anlage (180 Mio. Euro von der EU) sollte bis 2016 in Betrieb gehen und 300 MW Strom produzieren.

Angesichts der dargelegten Zusammenhänge zwischen Verhalten von CO_2 in der Atmosphäre und Klima ist die Trennung von CO_2 aus den Rauchgasen und Speicherung geradezu grotesk. Die Anwendung von CCS ist jedenfalls der Vorschlag des von der Bundesrepublik berufenen Wissenschaftlichen Beirats der Bundesregierung Globale Umweltveränderungen (WBGU; Vorsitzender Hans Joachim Schellnhuber), welcher der Welt vorschlägt, auf diese Weise den Planeten Erde zu retten.

Die Ächtung von CO_2 ist nur möglich, weil die Klimawandelbürokratie das Erzeugen von Panik braucht, um ihre komfortable Existenz zu sichern.

4.5 Weitere Überlegungen zur großtechnischen Kontrolle des Klimas

Im Juni 2011 tagten in der peruanischen Hauptstadt Lima Wissenschaftler im Auftrag des IPCC, um die Chancen zu evaluieren, ob sich das Klima großtechnisch unter Kontrolle bringen lässt, bekannt unter dem Begriff Geo-Engineering. Hierzu zählen u. a. folgende Vorschläge:

– Befrachtung der Stratosphäre mit Schwefelpartikeln, um die auf die Erdoberfläche eintreffende Strahlungsmenge zu senken
– Ablenkung der Sonnenstrahlung mit spiegelnden Scheiben oder Saturn-ähnlichen Staubringen
– Großflächige Düngung oder Kalkung der Ozeane, um auf diesem Weg den Kohlenstoff gleichsam in der Tiefsee zu entsorgen

Der IPCC schreckt vor keiner unsinnigen Gigantomanie zurück.

Bill Gates unterstützt das »Silver Lining«, bei dem künstliche Nebelschwaden erzeugt werden, um die Erde abzukühlen.[23] Es gibt noch weitere Vorschläge, ohne diese hier vertiefen zu wollen.

5 Energiewende im Jahr 2011 in Deutschland nach Fukushima

Nach dem Vorfall in Fukushima gingen in Deutschland die Geigerzähler und das Jod in den Apotheken aus wie in keinem anderen Land der Erde. Dies führte in der angstbeladenen Republik dazu, dass die Energiepolitik der Regierung neu formiert wurde: Atomausstieg bis 2022, schnellerer Ausbau der Netze und Öko-Energien.

(Inzwischen ist nach einer UN-Einschätzung bekannt, dass in Fukushima weder mehr Menschen sterben noch vermehrt an Krebs erkranken – UNSCEAR-Report.)

Der Ausstieg aus der Atomindustrie war von einem Ethikrat vorgeschlagen worden, dessen Mitglieder, wie bereits erwähnt (s. S. 9), keine Kenntnisse u.a. über die Technologie für eine Stromversorgungssicherheit hatten.

Wie Deutschland durch die Energiewende 2011 von Atomreaktoren in anderen Ländern umgeben ist, zeigt Bild 11.[24]

Dies geschieht vor dem Hintergrund, dass die Kernkraftwerke in Deutschland zu den sichersten gezählt werden (4-fache Redundanzen).

Im Folgenden wird nun die im Wesentlichen vorgesehene Entwicklung der zu installierenden Leistung zur Erzeugung von Strom gemäß Energiewende 2010 bis 2050 dargestellt und ein Vergleich mit der entstehenden effektiven Leistung (GW eff.) der verschiedenen Stromerzeugungsverfahren angestellt. Windkraftanlagen können im Durchschnitt nur zu rund 20% genutzt werden, Solaranlagen zu rund 10%, Atomanlagen zu rund 95%, Kohlekraftwerke zu rund 90%, ebenso Biomasseanlagen:

	2010	2010	2020	2020	2030	2030	2040	2040	2050	2050
	GW	GW eff.	GW	GW eff.	GW	GW eff.	GW	GW eff.	GW	GW eff.
Atom	21	19,5	8	7,4	0	0	0	0	0	0
Fossil	77	69	72	64,8	54	48,6	43	38,7	40	36
Wind	28	5,6	46	9,2	63	12,6	76	15,2	79	15,8
Sonne	18	1,8	52	5,2	63	6,3	65	6,5	65	6,5
Sonstige	10	9	13	11,7	16	14,4	18	16,2	20	18
Summe	154	102,9	191	98,3	196	81,9	202	76,6	204	76,3

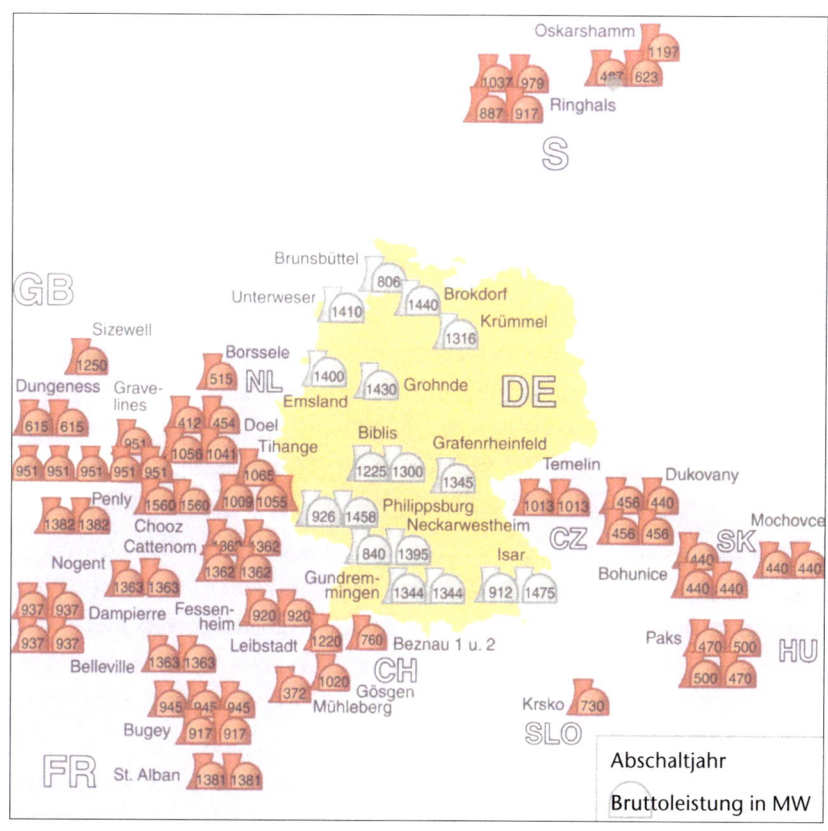

Bild 11: Atomreaktoren um Deutschland

Ausgerechnet die Solaranlagen mit der niedrigsten Verfügbarkeit haben mit den höchsten Zuwachs, die Zunahme der installierten Gesamtleistung ist gewaltig bei praktisch halbierter Stromerzeugung – auf die Kosten wird später eingegangen. Im »Erneuerbare-Energien-Gesetz« wird davon ausgegangen, dass im Jahr 2050 die fossile Energie nur noch über Gaskraftwerke beigestellt wird.

Auf der Klausurtagung in Weimar im Januar 2013 haben die Grünen bereits bis 2030 100% erneuerbare Energien gefordert und bis Ende dieses Jahrzehnts bereits 50%. Dem Ausbau von Wasserkraft und Biomasse – früher vehement eingefordert – wird nun nur noch begrenzte Ausbaumöglichkeit beigemessen.

Bis zum Jahr 2050 soll die Stromerzeugung um 50% absinken, 25% sollen aus alternativen Energien importiert werden (woher bleibt offen), 25% durch Energieeinsparung.

Eine Abnahme des Stromverbrauchs bei der Zunahme an Technologie ist mehr als fraglich. Energieintensive Unternehmen werden nicht in einem Land weiterproduzieren, in dem 25% des Stroms importiert werden – und dann auch noch aus alternativen Energien, d.h., wo eine Versorgungssicherheit nicht gewährleistet ist.

Der nationale Alleingang Deutschlands mit der Abschaltung der Kernkraftwerke im Verbundnetz mit den Nachbarländern wurde in Europa als rücksichtslos und arrogant empfunden. Das wird sich nun rächen, wenn Deutschland weiterhin versucht, seine steigenden unberechenbaren Wind- und Solarstromüberschüsse in die Nachbarnetze zu exportieren (z.B. Polen). Wenn die Nachbarn die Tür zumachen, hat Deutschland ein großes Problem. Dann müssen schon jetzt deutsche Wind- und Solarparks zwangsweise abgestellt werden. Vor allem aus Polen und Tschechien kommen bereits Klagen, dass an windstarken Tagen durch den in ihr Netz einschwappenden Ökostrom aus Deutschland die Gefahr eines Blackouts für das eigene Netz entstehe – und das bereits bei je etwa 30 GW über Wind und Solar. Es ist absehbar, dass bei einem Anstieg der alternativen Energien Wind und Solar in 2050 auf 79 bzw. 65 GW praktisch kein Strom mehr ins Ausland abgeschoben werden kann. Da der Überschussstrom nicht genutzt werden kann, müssen die volatilen Stromerzeuger stillgesetzt werden.

Durch die Stilllegung der Atomkraftwerke läuft paradoxerweise der Stromimport auch über das Atomkraftwerk Temelin, keine 100 km von Passau entfernt, in dem es in den letzten Jahren mehr als 130 Störfälle gegeben hat.

Österreich importiert aus Temelin preiswerten Kernkraftstrom, um damit Wasser vom tiefer gelegenen »Wasserfallboden« hoch zum »Mooserboden« zu pumpen (Stromspeicher), um dann bei Stromknappheit und hohen Strompreisen das Wasser wieder den umgekehrten Weg laufen zu lassen – fertig ist die »Atomstromwaschanlage«. So viel zum grünen Strom.

Konventionelle Stromerzeugung und Energievorräte

6 Kraftwerke

In Kraftwerken wird mechanische Energie mittels Generatoren in elektrische Energie umgewandelt. Die Energie zum Antrieb der Generatoren stammt aus:

1. kinetischer Energie (Wasser- und Windkraft)
2. thermischer Energie (über Dampf- oder Gasturbinen) aus
   Sonnenstrahlungsenergie
   chemischer Energie (Kohle, Erdöl, Erdgas, Biomasse, Müll)
   Kernenergie (Kernspaltung, evtl. künftig Kernfusion)

Man unterscheidet nach Grundlastkraftwerken wie Kern- und Braunkohlenkraftwerken (geringe Primärenergiekosten, hohe Kapitalkosten, schlechter regelbar), Mittellastkraftwerken (die die täglichen langsamen Schwankungen des Strombedarfs ausgleichen: viele Steinkohlekraftwerke, die morgens an- und abends abgefahren werden) sowie Spitzenlastkraftwerken, die die Stromproduktion schnell dem Bedarf anpassen können (meist Öl- und Gaskraftwerke, ggf. Wasserkraftwerke), die durch die höheren Brennstoffkosten auch die höchsten Kosten verursachen (siehe Bild 12).[25]

Die im Bild ausgewiesene Grund- und Spitzenlast ist abhängig von der Jahreszeit sowie den Wochentagen.

Der Bau von Gas- und Kohlekraftwerken stockt vielerorts bzw. wird wegen der Zunahme von Strom aus alternativen Energien und dessen Einspeisebevorzugung stillgesetzt. Nach einer Studie des Bundesverbands der Energie- und Wasserwirtschaft (BDEW) werden konventionelle Kraftwerke wegen der volatilen Wind- und Solaranlagen im Jahr 2020 im Schnitt um 40% weniger in Betrieb sein als heute.

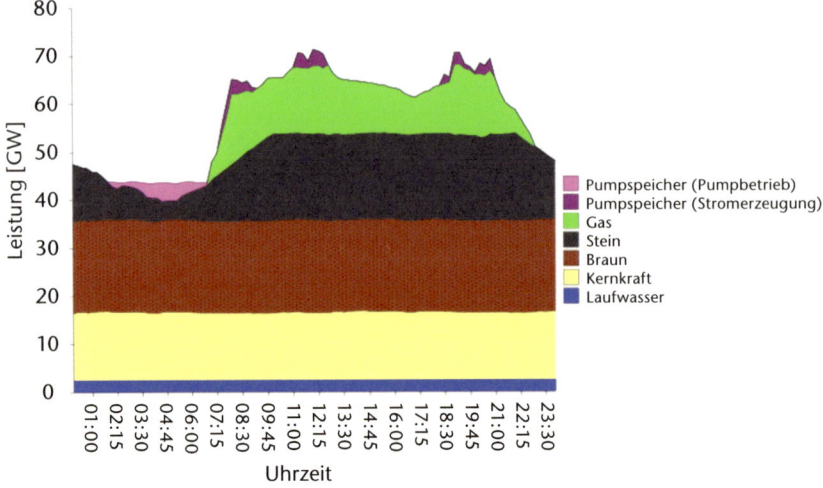

Bild 12: Tageslastgang Strom ohne erneuerbare Energien

6.1. Kohlekraftwerke

Im Zeichen des schwankenden Energieangebots durch die Windkraft- und Photovoltaikanlagen muss es das Ziel der herkömmlichen Kraftwerke sein, darauf möglichst flexibel zu reagieren.

Der Wirkungsgrad der Braunkohlekraftwerke liegt weltweit bei 32% bei hoher Nutzungszeit von +90%.

Bei den Kohlekraftwerken regt sich Widerstand von Umweltverbänden und Bürgerinitiativen. Allein in Nordrhein-Westfalen gibt es drei dieser Kraftwerke: Datteln, Trianel-Kraftwerk Lünen, Block 10 des STEAG-Kraftwerkes Walsum.

6.2. Gasturbinenkraftwerke

Gaskraftwerke zeichnen sich durch relativ niedrige Investitionskosten aus. Sie haben aber im Vergleich zu Kohlekraftwerken höhere Betriebskosten durch die hohen Gaspreise.

Die Abgase der Turbine besitzen beim Verlassen der Turbine noch höhere Temperaturen, die zur Beheizung eines Dampfkessels im Gas- und Dampf-Kombikraftwerk (GuD) verwendet werden können.

Gasturbinenkraftwerke haben je Einheit eine Leistung von 50 bis 340 MW. Der Vorteil des Gaskraftwerkes ist das mögliche schnelle Anfahren. Die größte Gasturbine der Welt läuft im oberbayerischen Irsching (Irsching 5). Mit 561 MW ist die aus 7000 Teilen zusammengebaute Maschine so stark wie 13 Jumbojettriebwerke.

GuD-Kraftwerke sind keine Dauerläufer. Sie decken den Spitzenstrombedarf ab. Arbeiten sie mit Kraft-Wärme-Kopplung (KWK), lassen sich Wirkungsgrade von insgesamt 90% erreichen.

Da Gaskraftwerke im Rahmen der Energiewende wegen der volatilen Stromerzeuger Wind und Sonne eine besondere Stellung einnehmen, spielt die Gasversorgung eine große Rolle.

Im Winter 2011/2012 war die Gasversorgung in Süddeutschland kritisch. Es flossen an einigen Tagen 25% weniger Gas über die Ukraine nach Waidhaus an der deutsch-tschechischen Grenze als gebucht.

Haushaltskunden müssen beliefert werden, Industriekunden nicht. Einzelne Stadtwerke haben ihre Kunden aufgefordert, die Heizungen zu drosseln. Da die Gaskraftwerke einspringen sollen, wenn die volatilen Erzeuger nicht liefern können, ist man aus Kostengründen nicht bereit, neue Gaskraftwerke zu bauen.

Der staatliche norwegische Energiekonzern Statkraft teilte im Februar 2012 mit, dass der Betrieb eines von E.ON übernommenen Gaskraftwerks in Emden »nach und nach eingestellt« werde und Statkraft auf einen geplanten Neubau verzichtet.

Der Energieversorger E.ON erklärte Mitte Mai 2012, dass man für 2013 plane, die Gaskraftwerke Irsching 3, Staudinger 4 in Hessen und Franken 1 in Nürnberg stillzulegen. Die Summe dieser Kraftwerkskapazitäten entspricht einem Kernkraftwerk. Die bayerische Energiepolitik sah eigentlich vor, die Kapazitäten der Gaskraftwerke um 3–4 GW auszubauen.

Inzwischen werden Überlegungen angestellt, sogar Irsching 5 stillzulegen.

6.3. Kernkraftwerke

Wie bereits erwähnt, werden bis 2022 alle Kernkraftanlagen gemäß dem Beschluss der Bundesregierung stillgesetzt, ausgelöst durch den Ausfall der Kernkraftwerke in Fukushima im Jahr 2011.

Die Sicherheit der Kernenergie ist abhängig vom Kernkraftwerkstyp sowie dessen Sicherheitsstandards. Bei dem Leichtwasserreaktor in Fukushima kam es zur Kernschmelze, weil die Kühlsysteme durch den Tsunami zerstört wurden. Bei deutschen Reaktoren ist ein Unfall dieser Art nicht zuletzt durch die mehrfachen Redundanzen der für den Störfall in Wartestellung stehenden Notsysteme ausgeschlossen. Die einzig denkbare Ursache eines Unglücks infolge einer Havarie wäre ein Terroranschlag oder der Absturz eines Großflugzeuges direkt auf den Reaktor. Aber: Die neueren Reaktoren haben deutlich dickere Außenwände, sodass selbst wenn ein Flugzeugabsturz zu einem Loch führen würde und es zu Bränden und Kühlmittelverlust käme, eine Kernschmelze durch die Sicherheitsvorrichtungen sehr unwahrscheinlich ist.

Zu den absolut sicheren Reaktortypen zählt der in Deutschland entwickelte Thorium-Kugelhaufenreaktor (THTR–300).[26]

Der Prototyp lief von 1985 bis 1989, aber die damalige politische Situation in Deutschland gab diesem Reaktor keine Chance. Inzwischen wird er in Südafrika, Indien und China weiterentwickelt.

Deutschland ist von der Entwicklung zukünftiger sicherer Reaktortypen ausgeschlossen. Das wird sich rächen, wenn die Menschheit weiter wächst und die Kernfusion (Kapitel 11) keine Fortschritte macht, denn irgendwann sind die fossilen Brennstoffe verbraucht (vgl. Kapitel 6.5).

In den USA werden nach mehr als 30 Jahren wieder zwei Kernkraftwerke gebaut. Die beiden neuen Blöcke mit je 1,1 GW Leistung sollen je rund 14 Mrd. Dollar kosten (FAZ, 11.2.2012). Inzwischen ist der Bau durch die in den USA ausgebrochene Fracking-Euphorie hintangestellt worden.

6.4. Kraft-Wärme-Kopplung (KWK)

Bei der Kraft-Wärme-Kopplung (KWK) wird ein Teil des entstehenden Dampfes in einem Kraftwerk für Heizzwecke ausgekoppelt. Dadurch sinkt der Wirkungsgrad der (Elektro-)Energiegewinnung, der Gesamtnutzungsgrad steigt aber auf 60–90%. Dabei wird die Abgabe von ungenutzter Abwärme an die Umgebung weitestgehend vermieden, wenn in der Umgebung Wärmebedarf besteht, zumindest im Winter.

Das Prinzip der KWK kann mit jedem Brennstoff und jeder Energiequelle mit einem Temperaturniveau ab ca. 210 °C genutzt werden.

Die Politik strebt an, den KWK-Anteil im Gesamtmix der Stromerzeugung in Deutschland von derzeit 15,3% bis zum Jahr 2020 auf 25% zu steigern.

Bei unseren Nachbarn Niederlande und Dänemark wird bereits verstärkt Strom mit fünf KWK-Anlagen erzeugt (30 bzw. 50%).

Heute werden zunehmend auch kleinere Blockheizkraftwerke gebaut, um Wohnblocks mit Strom und Wärme gleichzeitig zu versorgen. Durch die ortsnahe Nutzung werden Wärmeverluste beim Transport vermieden. Auch gibt es schon Heizungen für Einfamilienhäuser, die Strom und Wärme zugleich erzeugen, wobei der Strom auch in das allgemeine Stromnetz eingespeist werden kann (vgl. auch Kapitel 9.6).

6.5 Energievorräte

Nach dem Weltenergierat (WEC) steigt die weltweite Energienachfrage von 100 000 Mrd. KWh im Jahr 2006 in den nächsten 20 Jahren um rund 50% auf 150 000 Mrd. KWh/a.

Eine Reichweitenberechnung der Energievorkommen leidet unter den Prämissen für den zukünftigen Weltenergieverbrauch sowie an den nicht bekannten zukünftig gefundenen Vorkommen. Das United States Bureau of Mines sagte bereits 1914 voraus, dass die Ölreserven im Jahr 1925 erschöpft seien. Anfang der 70er-Jahre wurde eine Reichweite für Erdöl von 40 Jahren vorausgesagt (Club of Rome).

Deutschland hat eine Bundesanstalt für Geowissenschaften und Rohstoffe (BGR), eine Fachbehörde des Bundesministeriums für Wirtschaft und Technologie (MMWI), die zentrale wissenschaftliche Institution zur Beratung der Bundesregierung in allen Rohstofffragen. Bild 13 zeigt die dort gewonnenen Erkenntnisse.[27]

Danach kann der Weltbedarf an Erdöl und Erdgas noch mindestens 64 bzw. 134 Jahre gesichert werden, wenn man auf konventionelle Ressourcen zurückgreift. (Reserven sind Lagerstätten, deren Förderkosten unter den heutigen Preisen liegen.) Bei höheren Energiepreisen wird es wirtschaftlich, auch ungünstigere Lagerstätten auszubeuten.

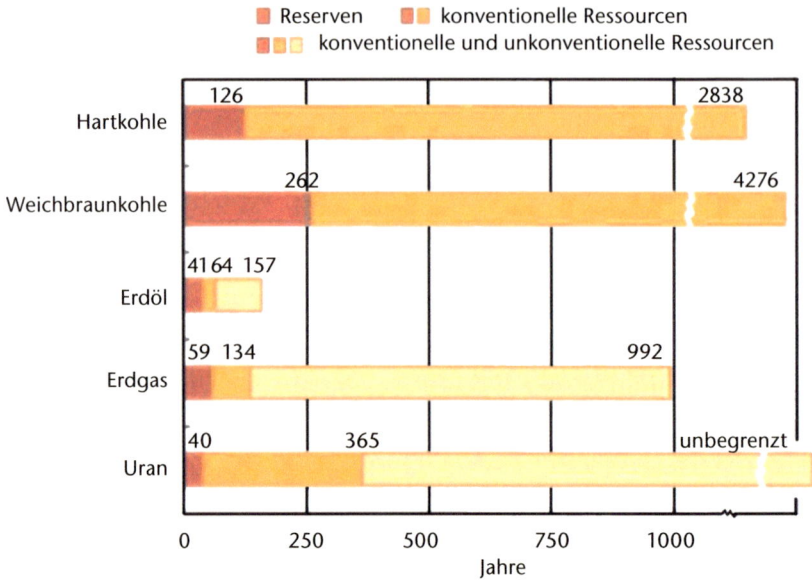

Bild 13: Reichweiten der Ressourcenbestände

Entsprechend kann davon ausgegangen werden, dass die Vorräte an Kohle weltweit noch für mehrere Tausend Jahre ausreichen werden, aber ihre Verfügbarkeit ist endlich. Das gilt nicht für Uran. Die Vorräte für die Stromerzeugung über Kernkraftanlagen sind unbegrenzt. Umso bedauerlicher ist der völlige Rückzug Deutschlands aus der weiteren Entwicklung von Kernenergieanlagen einzustufen.

Es ist noch anzumerken, dass die Erdoberfläche bislang nur marginal von sogenannten Prospektoren abgetastet wurde. So hat man kürzlich in den USA die Green River Formation entdeckt, eine Ansammlung einer rund 300 m dicken Schicht aus Sedimentgestein (unter Teilen von Colorado, Utah und Wyoming), die größten Vorräte an Schieferöl weltweit, die Ölvorräte für 200 Jahre bedeuten.

Vor Kurzem hat die BGR einen vorläufigen Bericht zum Schiefergasvorkommen in Deutschland vorgestellt.[28] Danach übersteigen die sogenannten unkonventionellen Gasvorkommen die bekannten Vorkommen an »normalem« (konventionellem) Gas um den Faktor 100.

Die gesamten Ressourcen an Schiefergas schätzen die Geowissenschaftler auf 6,8–22,6 Bio. Kubikmeter. Bei der Annahme, dass davon 10% wirtschaftlich gewonnen werden können, werden die Reserven mit 0,7–2,3 Bio. Kubikmeter abgeschätzt. Das ist 10-mal mehr, als man bislang dachte, und würde ausreichen, Deutschland für 15 Jahre mit Gas zu versorgen.

Die Gewinnung von unkonventionellem Öl hat, wie sie beim Gas-Fracking angewendet wird, in den USA gerade eine Renaissance bei der Ölförderung ausgelöst. Nach Experten wird die Abhängigkeit der USA von Öllieferungen aus den Golfstaaten in 20 Jahren fast verschwunden sein.

Beim Fracking wird nach dem Bohren (auch in horizontaler Richtung) zum Öffnen von Gesteinsporen eine Flüssigkeit mit hohem Druck eingepumpt, um künstliche Fließwege für das Gas/Öl zu schaffen. Die Flüssigkeit besteht zu 98% aus Wasser und Quarzsand und zu 2% aus chemischen Stoffen. Das Flüssigkeitsgemisch als Ganzes ist als schwach wassergefährdend und nicht umweltgefährdend eingestuft. Es stellt nach dem deutschen Chemikalienrecht kein kennzeichnungspflichtiges Gemisch dar. Das Bohrloch wird mit mehreren Schichten einzementierter Stahlrohre abgedichtet, um wasserführende Schichten nicht zu tangieren. Die gasführenden Schichten liegen in etwa 1000–4000 m Tiefe, das Grundwasser bei weniger als 200 m.

Ohne Zweifel würde die Förderung von unkonventionellem Gas in Deutschland die Gaspreise senken. In den USA hat sich der Preis für Gas seit Beginn des Shale-Gas-Booms halbiert. Obwohl die amerikanische Regierung den Bau von zwei neuen Kernkraftwerken genehmigt hat, werden diese, wie bereits erwähnt, in absehbarer Zeit wohl nicht gebaut werden.

In Deutschland geht die Angst vor Chemikalien um, die in den Boden gepresst werden. In einer in Auftrag gegebenen Studie kommen Wissenschaftler zu dem Schluss: »Für ein generelles Verbot der Fracking-Technologie sieht der neutrale Expertenkreis keine sachliche Begründung.« Lediglich für den Fall, dass im Untergrund tektonisch kritisch gespannte Störungszonen oder starke Zerrüttungen vorhanden sein sollten, wird von den Wissenschaftlern Fracking abgelehnt – ebenso in Trinkwasserschutz- sowie Heilquellenschutzgebieten.

Alternative Energien und Stromspeicher

7 Alternative Energien

Die alternativen Energien sind in Deutschland im 1. Halbjahr 2012 inzwischen auf 25% angestiegen (Wind 9,2%, Solar 5,3%, Biomasse 5,7%, Wasser 4,0%, Müll etc. 0,9%).

Regenerativ erzeugter Strom unterliegt witterungsbedingten Schwankungen, die ausgeglichen werden müssen. Bei Überproduktion ergeben sich Schwierigkeiten im Netz, der Strom muss billig oder gegen Aufpreis ins Ausland abgegeben werden (negative Strompreise) oder Anlagen werden stillgesetzt.

Nach der »Energiewende 2050« soll die Stromerzeugung insbesondere auf fluktuierende Energieträger wie Wind und Solar umgestellt sein. Dies erfordert bei einer zur Verfügung zu stellenden Leistung in Deutschland von etwa 80 GW in der Spitze den Neubau von Gaskraftwerken mit einer beträchtlichen Leistung (siehe S. 84).

Inzwischen addieren sich die regenerativen Anlagen auf eine Kapazität von etwa 70 GW, davon rund 30 GW auf Wind-, 30 GW auf Solarenergie. Hinzu kommen die »Sonstigen« (Wasser, Biomasse etc.) mit einem durchschnittlichen Anteil an der Stromerzeugung von 10,1%.

An normalen Werktagen mit niedrigen und mittleren Temperaturen liegt der Kapazitätsbedarf in den Stunden des Spitzenbedarfes bei rund 70–80 GW und an den Tagesrändern eher bei 40 GW, an den Wochenenden deutlich niedriger. So gibt es inzwischen Zeiten, in denen alleine die volatilen Energien mehr als die Grundlast der Verbraucher abdecken, was je nach Wetterlage zu einem deutlichen Überangebot führt.

Da Wind- und Solarstrom im deutschen Netz Vorfahrt haben, darf der Netzbetreiber nur in Notfällen eine Abschaltung oder Drosselung anweisen.

Da die Wind- und Solarstromproduktion ständig zunimmt, wird das Problem immer größer. So haben sich die Niederlande, Polen und Tschechien wegen der Stabilität ihrer Netze schon oft beklagt, auch weil das Herunterfahren der Kraftwerke zu zusätzlichen Kosten führt.

So sind die ungeplanten physikalischen Exporte von Strom nach Polen mit 1,5 GW etwa drei Mal so hoch wie die von Händlern veranlassten Stromexporte. (Physikalisch fließt der Strom im Netz dorthin, wo der Widerstand am geringsten ist.) Polen droht daher damit, durch Phasenschiebertransformatoren sein Netz vom deutschen abzuschotten. Es ist an zwei Anlagen gedacht, die jede Seite 80 Mio. € kosten dürften und 2016 einsatzbereit sein sollen. Tschechien wird dieser Maßnahme folgen.

Durch den ständigen Zuwachs der erneuerbaren Energien exportierte Deutschland in 2012 mehr Strom als je zuvor, nach ersten Schätzungen 23 Mrd. KWh. Dies ist bei einem Börsenpreis von 4,4 ct/KWh im Jahresmittel, der in 2013 sogar eher bei 4,0 ct/KWh gesehen wird, nicht verwunderlich.

Nachbarländer wie die Niederlande sind trotz der erwähnten Unannehmlichkeiten auch erfreut und schalten eigene Kraftwerke ab zugunsten des günstigen Importstroms. Die deutschen Stromverbraucher profitieren von diesen Tiefstpreisen wegen der Einspeisevergütungen für alternativen Strom jedoch nicht (vgl. Kap. 9). Diese Einspeisevergütung lag in 2012 bei 18,4 ct/KWh. So subventionieren die Deutschen über das Erneuerbare-Energien-Gesetz die Stromrechnung unserer Nachbarn.

7.1 Windenergie

Eine Windkraftanlage wandelt die kinetische Energie des Windes in elektrische Energie um. Die größten Rotorblätter haben einen Durchmesser von 135 m. Sie bestehen aus glasfaserverstärktem Kunststoff oder Kohlenstofffasern. Einige werden schon wegen Eisbildung mit Rotorblattheizungen ausgerüstet.

Charakteristisch für Schwachwindanlagen sind größere Rotordurchmesser bei gleicher Nennleistung. Die Anlagen schalten sich bei einer Windgeschwindigkeit von 2–4 m/s ein, bei 25–35 m/s aus.

Neuere Anlagen besitzen eine Sturmregelung (durch Verstellen der Rotorblätter). Die leistungsstärkste Windkraftanlage (Stand 2010) ist der Enercon E-126 mit 7,5 MW und einer Gesamthöhe von 198 m bei einem Rotordurchmesser von 135 m.[29]

Das Gewicht je Blatt einer 5-MW-Anlage kann bis zu 20 t betragen, was eine hohe Beanspruchung für die Lager etc. bedeutet.

Um Windkraftanlagen zu optimieren, sind noch viele Forschungsarbeiten erforderlich. Die Blätter müssen auch eine »Jahrhundertbö«, von der man weiß, dass sie mehrmals in hundert Jahren auftritt, aushalten.

Der Plan der Bundesregierung sieht bis 2030 vor, eine Windstromkapazität auf dem Meer von 25 000 MW Nennleistung zu bauen (bis 2022 13 GW).

Das deutsche Umweltbundesamt (UBA) verlangt Offshore-Anlagen in der Nordsee für 45 GW, die auch genehmigt sind. Dafür sind jedoch nicht genügend Flächen verfügbar.[30] (Vgl. Kapitel 10.3)

Offshore-Windräder müssen mit in den Meeresboden eingegrabenen hochgespannten Gleichstromseekabeln an ein nahe an der Küste gelegenes Umspannwerk angeschlossen werden. Liegen die Windparks nicht so weit draußen (Alpha Ventus, Baltic 1), können die Parks durch klassische Drehstromverbindungen mit den lokalen Stromnetzen verbunden werden.

Um weit vor der Küste erzeugten Windstrom anzulanden, benötigt man riesige Offshore-Steckdosen. Das sind viele Mio. Euro teure »Schaltkästen«, die 20 m oberhalb der Wasseroberfläche auf am Meeresboden abgestellte Fundamente montiert werden. Ihnen fällt die Aufgabe zu, den von den Windrädern produzierten Drehstrom in Gleichstrom zu wandeln, kann er doch nur bei Entfernungen von mehr als 80 km durch auf dem Meeresboden verlegte Seekabel an die Küste transportiert werden.

Derzeit ist eine erste Gleichstromdose fertig. Sechs weitere sind bestellt für insgesamt 5,5 Mrd. Euro.

Die Windparks in Deutschland unterscheiden sich von denen in Großbritannien und Dänemark durch die Entfernungen zum Land und die Wassertiefen. In England und Dänemark stehen sie im Flachwasser und bis zu 10 km vor der Küste. In Deutschland stehen sie in Entfernungen von 50–100 km vor der Küste in Wassertiefen von 40–60 m. Das Wattenmeer soll auf jeden Fall für den Naturschutz reserviert bleiben.

Nach dem Beschluss der Bundesregierung vom August 2012 erhalten die Windparkbetreiber vom Netzbetreiber Entschädigung, wenn die Anbindung an das Stromnetz verzögert oder gestört wird, was von dem Verbrauchern zu bezahlen ist.

Die Preise für Windkraftanlagen liegen je nach Randbedingungen unterschiedlich:

- 2 MW-Anlage: 3,6 Mio. €   1786 €/KW[31]
- 2,5 MW-Anlage: 2,8 Mio. €   1100 €/KW[32]
- 5-MW-Anlage offshore:15 Mio. €   3000 €/KW[33]
- 5-MW-Anlage offshore Bard 1: 25 Mio. €   5000 €/KW[34]
                                                       4300 €/KW[35]
- 3,6-MW-Anlage offshore   3600 € KW[36]
- 5-MW-Anlage offshore: Alpha Ventus   4170 €/KW[37]
- 3,6-MW-Anlage offshore: offshore Windpark Meerwind
                                         Süd/Ost 4170 €/KW[38]
- 5-MW-Anlage offshore: Bard I   4250 €/KW[39]

In einer Auswertung des Fraunhofer-Instituts werden folgende Mittelwerte angegeben:

- 2–3-MW-Anlagen onshore   1400 €/KW
- 3–5-MW-Anlagen offshore   2700 €/KW[40]

Die Finanzierung der Anlagen ist meist auf 15 Jahre ausgelegt.

Erzeugungsschwankungen bei Windkraftanlagen

Wie bereits erwähnt, unterliegt regenerativ erzeugter Strom witterungsbedingt Schwankungen, insbesondere bei Windkraftanlagen.

Bild 14 zeigt die Windstromerzeugung in Deutschland vom 1. bis 31.3.2011.[41]

Deutschlandweit sind in dieser Zeit 21 607 Windkraftanlagen mit einer Nennleistung von 27,214 GW in Betrieb, die eine mittlere Leistung von 4,1 GW erzeugen (Nutzungsgrad 15%). Die maximale Windleistung liegt bei 19 GW, die minimale bei 0,1 GW.

Um eine gleichmäßige Stromerzeugung zu gewährleisten, müsste die elektrische Arbeit, die grün über der roten Mittelwertmarke dargestellt ist, dem Netz entnommen und gespeichert werden und in dem Bereich, der weiß unterhalb der roten Mittelwertkurve dargestellt ist, über den Speicher dem Netz zugefügt werden. Die obere grüne Fläche ist gleich groß wie die untere weiße Fläche. Für diese Aufgabe stehen gegenwärtig Pumpspeicherwerke mit einer maximalen Leistung von 7 GW für Pump- und Generatorbetrieb zur Verfügung. Um die Windleistung oberhalb der mittleren Leistung über Pumpspeicherwerke einspeichern zu können, ist aber eine maximale Pumpleistung von 14,9 GW (19–4,1) erforderlich.

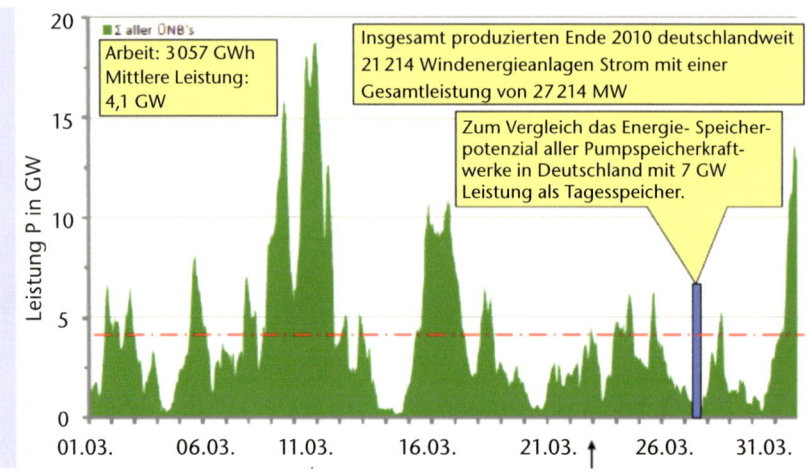

Bild 14: Schwankungen der Gesamtwindleistung im März 2011

Da die Pumpleistung sowie die Speicherkapazität der vorhandenen Pumpspeicherwerke – blaue Fläche in Bild 14 – nicht ausreichen, um die weißen Flächen zu füllen, wäre der Zubau an Pumpspeicherwerken auf die Größe von 14,9 GW Pumpleistung erforderlich.

Dieses Beispiel macht deutlich, dass bereits bei einer installierten Leistung von 27,2 GW in 2010 die Netzstabilität durch die vorhandenen Speicher nicht erreicht werden kann, sodass auf konventionelle Kraftwerke zurückgegriffen werden muss, ganz zu schweigen von der in 2050 geplanten Installation von 79 GW über Wind und 65 GW über Solarstrom.

Das größte deutsche Pumpspeicherwerk Goldisthal (Thüringen) hat eine Leistung von 1,05 GW und kann diese Leistung rund acht Stunden liefern, dann ist der Speicher leer, entsprechend einer Speicherkapazität von rund 8,4 GWh. Die Bauzeit lag bei elf Jahren, die Kosten bei 600 Mio. Euro.

Bild 15 zeigt neben der Stromerzeugung aus Windanlagen den Anteil an Strom aus den Photovoltaikanlagen in den Monaten Januar 2010 und Juli 2010.[42] Es wird deutlich, dass der Anteil des Solarstroms gerade im Winter praktisch vernachlässigbar ist.

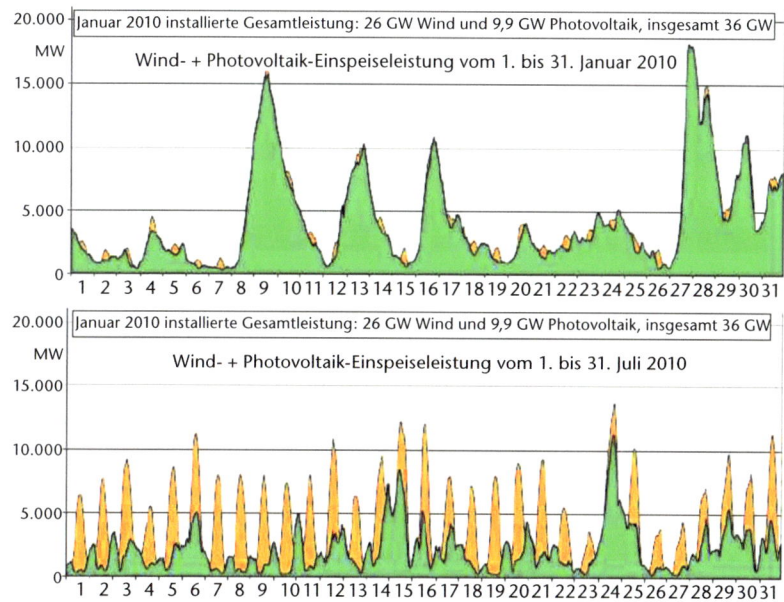

Bild 15: Schwankungen der Gesamtwind- und -voltaikleistungen im Januar und Juli 2010

Da im Sommer die Windstärken meist niedriger liegen als im Winter, wird durch die Zunahme der volatilen Stromerzeugung über Solar die Fluktuation der Stromerzeugung noch höher.

Die in Bild 15 aufgezeigte Fluktuation der Stromerzeugung über Wind und Solar bei einer Installation von 26 GW (Wind) und 9,8 GW (Solar) lässt erahnen, mit welchen Fluktuationen bei einer Installation von 79 GW über Wind und 65 GW über Solar im Jahr 2050 nach der geplanten Energiewende zu rechnen ist.

Das Stromnetz ist für etwa 80 GW ausgelegt. Das Stromangebot über Wind und Solar kann ab 2050 zwischen 0 GW (z.B. nachts bei Windstille) und 79 + 65 = 144 GW schwanken.

Berücksichtigt man weiterhin, dass die Stromerzeugung von zurzeit 600 in 2050 auf 300 Mrd. KWh/a abgesenkt werden soll, was einer Abnahme der Grundlast von etwa 40 auf 20 GW und einer Abnahme der Spitzenlast von etwa 70 auf 35 GW entspricht, so ist bei einem volatilen Stromangebot bis zu 144 GW bereits jetzt erkennbar, dass bei einer Nichtnutzbarmachung des Überschussstroms die Anlagen mehr stillstehen müssen als dass sie laufen können – eine Farce.

7.2 Sonnenenergie

7.2.1 Photovoltaik (PV)

Sonnenenergie ist die Wunschenergie der Deutschen (99%), ganz nach dem Motto: »Die Sonne schickt keine Rechnung.« Aber diese Betrachtungsweise ist wenig subtil. So sagt Jürgen Großmann: »Sonnenstrom in Deutschland zu produzieren ist so sinnvoll wie Ananas in Alaska zu züchten.«

Unter Photovoltaik versteht man die direkte Umwandlung von Lichtenergie in elektrische Energie mittels Solarzellen. Die erzeugte Gleichspannung muss für das öffentliche Netz in Wechselstrom mittels Wechselrichter umgewandelt werden. Die Lebensdauer der PV-Anlagen wird auf 20 Jahre geschätzt.

Bei der Photovoltaik fällt der erzeugte Strom ähnlich diskontinuierlich an wie bei Windstrom. Eine Anlage zeigte bei der Sonneneinstrahlung im Januar 2010 mit einer Nennleistung von 10,8 KW folgende Daten:

Spitzenleistung	7,3 KW
Mittelwert Monat	0,218 KW (2,0%)
Kleinste Leistung	0 KW
Erforderliche Fläche	100 Quadratmeter

Um eine Nennleistung von 1 KW zu installieren, ist also eine PV-Fläche von rund 10 m² erforderlich. Im Betriebshandbuch der PV-Anlagen wird ein Nutzungsgrad von durchschnittlich 10% im Jahresmittel angegeben. Im gegebenen Beispiel im Januar werden nur 2% erreicht.

In 2011 und 2012 wurden in Deutschland PV-Anlagen mit einer Leistung von je 7,5 GW installiert, im Jahr 2010 7,4 GW. In der Summe sind es zurzeit rund 30 GW.

Die Einspeisegebühr gilt jeweils für die nächsten 20 Jahre. Dies geschieht vor dem Hintergrund von 2000 Sonnenscheinstunden – von 8760 Jahresstunden in Deutschland. Die Hartz-IV-Bezieher in den Hinterhofwohnungen finanzieren mit ihrem Strompreis die Solarrenditen der Hausbesitzer.

Die heimischen Hersteller der Solarzellen brechen zusammen, nur 10% der Solarzellen werden noch in Deutschland hergestellt, die preiswerteren kommen aus Ostasien. Auch 2012 finanzierte das EEG insbesondere Chinas Solarfirmen.

Die bis Ende 2011 dazugebauten Solarmodule werden wegen der Vergütungsgarantie die Verbraucher nach Berechnungen von Ökonomen in den kommenden 20 Jahren mit mehr als 120 Mrd. Euro belasten. Derzeit hat Solarstrom rechnerisch einen Anteil von etwa 3% an der deutschen Elektrizitätsversorgung.

Ende 2012 lagen die installierten volatilen Stromerzeuger bei über 30 GW (Wind) und über 30 GW (Solar). Addiert man dazu die ebenfalls über das EEG subventionierten Stromerzeuger Biomasse, Wasser, Geothermie und Gas von zurzeit rund 10 GW, so kann die Summe der zwangsläufig abzunehmenden Stromangebote bei 70 GW liegen.

Wohin also bei starkem Wind und starker Sonneneinstrahlung mit dem EEG-geförderten Strom?

Entweder man dreht die Windmühlen aus dem Wind – vermehrt bei weiterem Zubau (der nicht erzeugte Strom muss aber dennoch von den Stromkunden über EEG bezahlt werden) – oder man schiebt die überflüssige Elektrizität über die Grenze ins Ausland ab. Man muss aber teilweise bis zu 0,50 €/KWh draufzahlen (negative Strompreise) – wenn deren Netze überhaupt derartige Stromspitzen verkraften können. Dies trägt zu einem teuer bezahlten Stromexport bei.

Es versteht sich, dass je nach Windstärke und Sonneneinstrahlung die fossilen Kraftwerke heruntergefahren werden müssen, was deren Stromherstellkosten erhöht (Auslastung, Verschleiß etc.).

Die Preise für Solaranlagen sind inzwischen durch den China-Import unter 2000 €/KW gefallen. Von Juni 2013 an sollen nun Strafzölle von bis zu 70% auf Solarmodule aus China erhoben werden. Es bleibt abzuwarten, wohin sich dann die Preise für Solarmodule entwickeln werden.

Nach einer Auswertung des Fraunhofer-Instituts liegen die mittleren Investitionskosten für
- Kleinanlagen bis 10 KW bei 1900 €/KW
- Großanlagen bis 1000 KW bei 1700 €/KW
- Freiflächen ab 1000 KW bei 1600 €/KW[43]

7.2.2 Sonnenwärmekraftwerke

In Spanien sind Solarrinnenkraftwerke entwickelt worden, die konventionellen Wärmekraftwerken ähneln, jedoch kann die solare Wärme über Salzspeicher gespeichert werden (Beispiel Anasol 1). Die Sonnenwärme wird über Parabolspiegel eingefangen.

Die Stadtwerke München sind z.B. mit 48,9 % an Anasol 3 beteiligt.

Zurzeit arbeiten in Spanien 22 Anlagen mit einer Leistung von 0,9 GW, weitere 27 sind im Bau (1,3 GW). Die Stromgestehungskosten sollen bei 17–24 ct/KWh liegen.

Anasol 3 arbeitet mit 204 288 Parabolspiegeln, die permanent der Sonne zugeführt werden. Ob sich das Prinzip durchsetzen wird, ist offen, denn es gibt einen Konkurrenten, das Solarturmkraftwerk, das zunehmend in Nordamerika Anhänger findet.

Hierbei lenken Hunderte der Sonne automatisch nachgeführte Einzelplanspiegel die Sonnenstrahlung auf einen Wärmetauscher an der Spitze des Turms. Als Wärmetauschmedium nutzt man heute flüssiges Nitratsalz – aber auch Wasserdampf und Heißluft.

Um bei Schatten Dellen in der Leistungskurve auszugleichen, kann über einen Puffertank Dampfreserve zugeschaltet werden.

Im Rahmen der Desertec-Initiative soll Solarstrom aus den Wüsten Nordafrikas nutzbar gemacht werden. In Marokko und Tunesien sind im Rahmen dieses Projekts Solarrinnenkraftwerke angedacht. Die politischen Risiken sind jedoch beträchtlich. Außerdem sind der Kostenaufwand und die Stromverluste der zum Transport erforderlichen Hochspannungsgleichstromleitungen zu hoch.

7.3 Biomasse

Biomasse beinhaltet in Lebewesen/Pflanzen gebundene und/oder von ihnen erzeugte Stoffgemische. Der energetische Biomasse-Begriff umfasst ausschließlich tierische und pflanzliche Erzeugnisse, die zur Gewinnung von Heiz- und elektrischer Energie sowie als Kraftstoffe verwendet werden können.

17% der Biomasse gehen in Deutschland in die Elektrizität und Kraft-Wärme-Kopplung, 19% in Kraftstoffe und 64% in die Wärmeerzeugung.[44]

Im Gegensatz zu Wind- und Solarstrom ist Biomasse ein Energieträger, der gleichmäßig anfällt und gut speicherbar ist. Das Hauptproblem ist der große Flächenbedarf der zuvor landwirtschaftlich genutzten Flächen und die Produktion von Energiepflanzen anstelle von Nahrungsmitteln (»Teller oder Tank«). Der Druck auf die Umwandlung von Agrarflächen zur Produktion von Raps, Mais etc. hält wegen der damit erzielbaren weitaus höheren Renditen unvermindert an.

Die gleichen Probleme ergeben sich bei der Herstellung von Biotreibstoff. Es wird in großem Umfang Palmöl aus subtropischen Ländern eingeführt und verarbeitet. Dafür wird Tropenwald gerodet.

Die Produktion der Biokraftstoffe stieg in den letzten Jahren dramatisch an.

Im letzten Jahrzehnt, zumindest seit der weltweiten Wirtschaftskrise von 2008, sind die Öl- und Nahrungsmittelpreise, zum Beispiel von Mais, Weizen und Reis, stark angestiegen. Hauptursache sollte die steigende Nachfrage nach Biokraftstoffen sein, die der Nahrungsmittelproduktion Land entzieht und Nahrungsmittel verknappt, also deren Preise erhöht. So wurde z.B. Deutschland gelb, weil überall Raps zur Produktion von Biodiesel angebaut wird.

Weltweit wird durch Brandrodung vermehrt Biodiesel aus Palmöl sowie Soja und Bioethanol aus Zuckerrohr und Mais hergestellt. Die Tortilla-Krise in Mexiko-Stadt 2007 ist darauf zurückzuführen, dass durch die Ausweitung der Bioethanol-Produktion in den USA und den damit verbundenen Anstieg des Maispreises die Nationalspeise der Mexikaner um 35% teurer wurde.

Welche Agrarflächen sind nun notwendig, um ein Kohlekraftwerk mit einer Leistung von 1 GW durch die Verstromung von Biomasse zu ersetzen?

Für die vom Kohlekraftwerk in elf Monaten erzeugte Leistung von 8 Mrd. KWh wären 4000 km^2 Agrarfläche nötig, für den Ersatz von 8 Kraftwerkblöcken 32 000 km^2 entsprechend 9% der Fläche Deutschlands oder der Gesamtfläche von NRW.[45] Hierbei ist nicht berücksichtigt, dass die Agrarfläche Nordrhein-Westfalens bei 49% liegt.

Zur Abschätzung des Flächenbedarfs kann auch die Angabe des Deutschen Maiskomitees herangezogen werden. Danach kann Mais von einer Fläche von 243 000 Hektar (2430 Quadratkilometer) Strom von insgesamt 4,1 TWh liefern.[46]

Gemäß »Energiewende 2050« soll der Anteil der »Sonstigen« von etwa 10 GW in 2010 in 2050 auf 20 GW angehoben werden. Da der Anteil der »Sonstigen« – 2011: Wasser 13,9%, Gas (Klär/Deponie etc.) 5,0%, Geothermie 0,1%, Biomasse 81% – bis 2050 praktisch nur über Biomasse angehoben werden kann (Pumpspeicherwerke sind nicht in Sicht), müsste eine Fläche von zusätzlich 10 x 4000 km² = 40 000 km² (NRW = 34 000 km²) für Biomasse zur Verfügung gestellt werden.

Das würde bedeuten, dass eine mehr als doppelt so große Fläche wie die von NRW erforderlich wäre, um diesen Zuwachs an Strom abzudecken, ein nicht zu vertretendes Vorhaben.

Aktuell stellt Deutschland schon fast 20% der landwirtschaftlichen Fläche für die Energieerzeugung zur Verfügung.[47]

In 2011 waren in Deutschland etwa 7000 Biogasanlagen mit einer Leistung von 2,728 GW in Betrieb, insbesondere in Bayern.

Die Nationalakademie Leopoldina warnt vor Biokraftstoff. Die Nutzung von Biosprit und Biogas sei in größerem Maßstab »heute und in Zukunft« keine Option für Länder wie Deutschland. Gut 20 Wissenschaftler sind zu dem Schluss gekommen, dass die Erzeugung von Biodiesel, Bioethanol und Biogas, mit Ausnahme der direkten energetischen Umwandlung von organischen Abfällen, deutlich mehr Fläche verbraucht als andere regenerative Energiequellen, mehr Treibhausgase in den Landwirtschaftsbetrieben verursacht, die Nährstoffbelastung der Böden und Gewässer fördert (Nitrat, Phosphat) und in Konkurrenz zur Nahrungsmittelproduktion steht.

Berlin wird aufgerufen, die Energiepolitik in Brüssel zu korrigieren. Auch die jüngste Schlussfolgerung des Bioökonomierates des Bundes, bis zum Jahr 2050 könnten in Deutschland 23% der verbrauchten Energie durch Bioenergie gedeckt werden, will die Nationalakademie nicht mittragen.

Nun ist die Erzeugung von Biodiesel in Deutschland von 636 000 t auf 475 000 t gefallen. Grund ist die heruntergesetzte Besteuerung von Biodiesel in Argentinien. Europäische Mineralölkonzerne kaufen Biodiesel aus Argentinien in großen Mengen. Man versucht nun, wegen der dort nicht gesicherten Nachhaltigkeit der Herstellung von Biodiesel zu klagen.

In der EU entfallen knapp ¾ der Biokraftstoffproduktion auf Biodiesel (meist aus Raps) und ¼ auf Bioethanol (etwa aus Zuckerrüben oder Mais). Die EU will nun die Produktion beschneiden, da die Klimabilanz vor allem von Biodiesel nicht besser sei als von herkömmlichen Kraftstoffen, außerdem die Energiepflanzen dafür verantwortlich gemacht werden, dass, wie erwähnt, die Lebensmittelpreise ansteigen.

7.4 Geothermie

Geothermie oder Erdwärme ist im zugänglichen Bereich der Erdkruste gespeicherte Wärme. Sie kann genutzt werden durch Wärmepumpenheizung oder auch durch die Erzeugung von elektrischem Strom.

Bei der hydrothermalen Stromerzeugung sind Wassertemperaturen von mindestens 100° C notwendig.

Es ist zu bedenken, dass bei einer Temperaturdifferenz von etwa 80 °C zwischen dem circa 100° C heißen Wasser aus dem Bohrloch und der Kühlseite des daran angeschlossenen Niederdruck-Dampfkraftwerkes der Umwandlungswirkungsgrad von Wärmeenergie in elektrische Energie dermaßen klein ist, dass die Versuchskraftwerke nur minimal Strom erzeugen können.

Geothermie-Anlagen erfordern insbesondere in Deutschland hohe Investitionen. Die Kosten für das Geothermie-Kraftwerk Landau betrugen 21 Mio. Euro für ein abgabefähige Leistung von 3 MW, also rund 7000 Euro/KW.

7.5 Bedeutung von Wasserstoff- und Methanerzeugung aus überschüssigem Strom als Speicher für die Stromerzeugung

Neben der Abtrennung aus fossilen Brennstoffen bietet sich zur Herstellung von Wasserstoff nur die Elektrolyse von Wasser an. Die Elektrolyse braucht jedoch viel Strom: Um Wasserstoff mit einem Brennwert von 1 KWh zu erzeugen, sind 1,65 KWh Strom aufzuwenden.

Um die schwankende Stromerzeugung aus Windkraft und Photovoltaik zu kompensieren, besteht die Möglichkeit, Wasserstoff über die

Elektrolyse herzustellen und in das Erdgasnetz einzuspeisen. (Es ist auch denkbar, Kraftwerke mit niedrigen Stromkosten – z.B. Kernkraftwerke – ungeregelt durchlaufen zu lassen und mit dem Überschussstrom Wasserstoff zu erzeugen.)

Das gigantische Erdgasnetz mit einer Länge von 450 000 km und 47 Untertagespeichern bietet ausreichend Kapazitäten. Nach jetzigem Stand ist ein Anteil von bis zu 5% eingespeisten Wasserstoffes technisch machbar, da bei höheren Gehalten Gasmotoren und -turbinen Schaden nehmen.

Zurzeit läuft eine Studie zu diesem Thema. Sollte die Studie Erfolg versprechend sein, so hätte man mit Wasserstoff einen Energieträger, der gespeichert werden könnte.

Wasserstoff ist auch herstellbar aus CH_4. Teilweise fahren Busse mit aus CH_4 hergestelltem Wasserstoff. Andererseits kann die von dem französischen Chemiker Paul Sabatier (1854–1941) Anfang des 20. Jahrhunderts erdachte katalytische Methanisierung genutzt werden. Dabei verschmelzen Wasserstoff und CO_2 durch eine chemische Reaktion zu Methan:

$2\ H_2$ (aus H_2O aus Überschussstrom) $+ CO_2 = CH_4 + O_2$ (grünes Erdgas)

Vorausgesetzt, man heizt ordentlich zu (250–500°C) und setzt die Reaktoren kräftig unter Druck (25 bar).

Aber der Prozess funktioniert mit konstant sprudelnden Stromquellen und ist in absehbarer Zukunft nicht für die Nutzung eines volatil anfallenden Stroms geeignet, abgesehen von den hohen Kosten durch die erforderliche Temperatur und den hohen Druck.

Aber es wird daran gearbeitet. So sind in Deutschland heute ein halbes Dutzend Pilotanlagen in Betrieb oder im Bau, nicht zuletzt bei Audi (für gasbetriebene Autos).

Der Vorteil läge in der Nutzung des vorhandenen 450 000 km langen Gasverteilernetzes mit 47 unterirdischen Gaslagern als Speicher. 220 000 GWh könnten hier untergebracht werden, etwa ein Drittel des deutschen Stromverbrauches.

7.6 Stromspeicherung und Anbindung an das Stromnetz Norwegen

Durch die diskontinuierliche Stromversorgung über Windkraftanlagen und die Photovoltaik kommt der Stromspeicherung eine hohe Bedeutung zu. Wie im Kapitel »Erzeugungsschwankungen bei Windkraftanlagen« bereits ausgeführt wurde, liegt die Speicherkapazität Deutschlands bei gerade 7 GW mit 56 GWh, benötigt werden jedoch bei Windflauten von 14 Tagen und einem Strombedarf von 50 GW mit 50 GW x 24 x 14 = 16 800 GWh, um die »Energiewende 2050« bewerkstelligen zu können. Vorhanden an Speicherkapazität sind damit gerade 0,33 %. Das größte deutsche Pumpspeicherkraftwerk Goldisthal hat gerade eine Leistung von 1 GW bei 8 GWh (dann ist es leer). Die Bauzeit betrug elf Jahre, es kostete 600 Mio. Euro.

Um 50 GW Leistung über 14 Tage (Dauerwindflaute) auszugleichen (16 800 GWh), sind rund 2100 Pumpspeicherwerke der Goldisthalgröße erforderlich (Kostenanfall: 2100 x 0,6 = 1260 Mrd. Euro).

In Ländern mit hohem Anteil an Wasserkraft aus Speicherkraftwerken (z.B. Norwegen) werden Pumpspeicherwerke kaum benötigt, da bei Stromüberschuss die Speicherwasserkraftwerke problemlos ihre Erzeugung drosseln oder ganz abschalten können, was bei Pumpspeicherwerken mit größeren Energieverlusten bzw. höheren Kosten verbunden ist.

Der Gesamtwirkungsgrad eines Pumpspeicherwerkes liegt heute in der Regel bei 75–80 %. Im Rahmen der Energiewende 2010/2011 ist häufig angesprochen worden, die Wasserkraft in Norwegen als Pumpspeicherwerk zu nutzen. Die meisten norwegischen Wasserkraftwerke sind jedoch keine in beide Richtungen arbeitendem Pumpspeicherwerke.

Zurzeit sind konkrete Verhandlungen zu Gange, um den Stromanschluss mit Norwegen zu verstärken. 2018 soll das erste Seekabel zwischen Deutschland und Norwegen mit einer Länge von 600 Kilometer in Betrieb genommen werden. Die Investitionskosten werden mit 1,5–2,0 Mrd. Euro veranschlagt. Zur Hälfte trägt sie der staatliche norwegische Netzbetreiber Statnett. Den Rest teilen sich die staatliche deutsche Förderbank KfW und die niederländische Betreibergesellschaft Tenet.

Das Gleichstromkabel (Projekt NORD.LINK) soll eine Kapazität von 1,4 GW haben. Wenn die Windkraftanlagen im Norden Deutschlands mehr Strom als benötigt produzieren, soll dieser Überschussstrom nach

Norwegen abfließen können. Umgekehrt soll bei Windstille Strom aus Norwegen nach Deutschland fließen. An den Bau von Pumpspeicherkraftwerken in Norwegen ist zurzeit nicht gedacht. Die Übertragungskapazität, die für eine vollständige Umstellung auf erneuerbare Energien bis 2050 nötig sein wird, muss jedoch die 30-fache Kapazität der NORD.LINK-Verbindung aufweisen.

Großbritannien ist bereits an das norwegische Stromnetz angebunden.

Andere Speichermethoden sehen vor, Strom in Form von Druckluft in unterirdischen Kavernen zu speichern. Doch sie sind mit hohen Wirkungsgradverlusten verbunden (rund 50%).

Auch die Batterien von Elektroautos können als Puffer für das schwankende Ökostromaufkommen noch lange nicht dienen. Nach Berechnungen des Arrhenius Instituts für Energie und Klimapolitik wären »250 Mio. dieser Fahrzeuge erforderlich, um ausreichend Strom für Deutschland für eine Woche zu speichern«.

Geht man von einer realistischen Anzahl von Elektroautos von rund 45 Mio. aus, die 10 KWh speichern können, so errechnet sich eine Speicherkapazität von

45 Mio. x 10 KWh = 450 GWh

Hierbei wäre jedoch der Leistungsanschluss einer jeden Tankstelle zu prüfen.

Schließlich ist noch auf die mögliche Speicherung über Wasserstoff hinzuweisen, der über Brennstoffzellen zu Strom umgewandelt werden kann (Wirkungsgrad rund 50%).

Zusammenfassend kann man bezüglich einer notwendigen Speicherung von Ökostrom zur Überbrückung einer zweiwöchigen Windflaute folgende Bilanz aufmachen:

Speicherbedarf

50 GW für 14 Tage:

50 x 24 x 14 = 16800 GWh

Vorhandener Speicher
- vorhandene Pumpspeicherkraftwerke
  7 GW mit 56 GWh Kapazität

- Batterien von Elektroautos
  45 Mio. x 10 KWh = 450 GWh

Das bedeutet, dass lediglich 3% der erforderlichen Leistung gespeichert werden könnten.

Nun hat sich inzwischen herausgestellt, dass ausgerechnet die Energiewende dazu geführt hat, dass sich Pumpspeicheranlagen kaum noch wirtschaftlich betreiben lassen, ähnlich wie die konventionellen Kraftwerke.

Früher nutzten die Betreiber billigen Nachtstrom, um mit der Energie ihre Wasserspeicher vollzupumpen. Am Mittag, wenn der Strompreis hoch lag, setzten sie ihre Turbinen in Gang. Doch inzwischen sind mitunter nachts die Preise hoch und mittags niedrig, weil mittags der kostenfreie Solarstrom voll zum Tragen kommt (vgl. Kapitel 8, S. 62). Vattenfall kündigte an, sein Pumpspeicherwerk im sächsischen Niederwartha zu schließen.

Das Fraunhofer-Institut hat errechnet, wie groß eine Batterie sein müsste, um eine Stadt wie München für zwei bis drei Tage mit Strom zu versorgen: Ein Lithium-Ionen-Akku müsste in Würfelform eine Kantenlänge von 53 m und ein Gewicht von 250 000 t haben. Eine Bleisäure-Akku-Batterie wie im Auto käme auf 93,3 Meter.

Kosten der Energiewende, Flächenbedarf für alternative Stromerzeugung und Versorgungssicherheit Strom

8 Strompreise der verschiedenen Herstellverfahren und Entwicklung Strompreise durch das »Erneuerbare-Energien-Gesetz« (EEG)

Der Stromverbrauch in Deutschland ist in den letzten Jahren ständig angestiegen, wobei über 40% des Stroms von der Industrie abgenommen werden.

Die Herstellkosten Strom liegen in Deutschland etwa wie folgt:

Kernenergie rd. 4 (Neuanlagen rd. 5), Braunkohle rd. 3, Steinkohle rd. 4–5, Gas rd. 5 ct/KWh.

Die Strompreise beim Verbraucher setzen sich für einen Dreipersonenhaushalt (3500 KWh/a) etwa wie folgt zusammen (2011):

		Euro/KWh
Herstellkosten	(34,5%)	0,0883
Netznutzung	(20,4%)	0,0552
	(54,9%)	
Abgaben		
EEG	(14,0%)	0,035
KWK	(0,01%)	0,002
Konz. Abgabe	(6,9%)	0,0179
Stromsteuer	(8,0%)	0,0205
MWSt	(16%)	0,0411
	(45,1%)	0,257

Ziel des EEG ist die Weiterentwicklung von Technologie zur Erzeugung von Strom aus erneuerbaren Energien. Die Förderung über das EEG soll einen wirtschaftlichen Betrieb der Anlagen ermöglichen, um langfristig auch ohne Hilfen am Markt bestehen zu können.

Das EEG startete 2000 mit diversen Änderungen in 2003, 2004, 2009 und 2012.

Die EEG-Energieerzeugung und ihre Vergütungen lagen im Jahr 2011 nach Aussage der vier Netzwerkbetreiber 50Hertz, Amprion, EnBW Transportnetze und Tennet wie folgt:

	2011			
	Erzeugung		Förderung	
	GWh	%	Mio.€	ct/KWh
Wasser	4844	4,7	231	4,8
Gas (Klär-, Deponie-, Gruben-)	1815	1,7	36	2,0
Biomasse	27977	27,2	4476	16,0
Geothermie	19	0,02	4	21,1
Wind onshore	48315	47,0	4165	8,6
Wind offshore	568	0,6	85	15,0
Solar	19340	18,8	7766	40,2
Summe	102 877	100	16763	16,3
Stromerzeugung gesamt	612 000			

Der über die erneuerbaren Energien erzeugte Stromanteil von zurzeit durchschnittlich etwa 25% hat gesetzlichen Einspeisevorrang, was an der Strombörse zu einem Preisverfall führen muss. Denn dort richtet sich der Strompreis nach einem »Merit Order«: Für die jeweils am Markt abgefragte Strommenge der restlichen 75% werden – beginnend mit den niedrigsten Erzeugungskosten – nur so lange Kraftwerke zugeschaltet, bis der Bedarf gedeckt ist. Der Strompreis wird dann durch die Kosten des teuersten Kraftwerkes bestimmt. Konventionelle Gas- und Kohlekraftwerke – die teuersten unter den konventionellen Stromerzeugern – fallen dann aus der »Merit Order« heraus. Die Ausgaben für die Förderung der alternativen Energien stiegen von 13,2 Mrd. Euro im Jahr 2010 auf 16,8 Mrd. Euro im Jahr 2011 an.

Der von den Verbrauchern aufgebrachte EEG-Anteil lag im Jahr 2011 bei 0,035 Euro/KWh, multipliziert mit 410 Mrd. KWh/a (energieintensive Betriebe sind weitgehend befreit) ergibt ein Betrag von rund 14 Mrd. Euro/a. Aus der Differenz von 16,8 Mrd. Euro/a – 14 Mrd. Euro/a = 2,8 Mrd. Euro/a (16%) ergibt sich der Börsenwert des geförderten Stroms, dessen Wert bei zunehmendem Stromanteil über erneuerbare Energien zwangsläufig abnehmen muss.

Im Jahr 2012 wurden über 20 Mrd. Euro an die Erzeuger von Grünstrom ausgezahlt, der Börsenwert lag bei 2,9 Mrd. Euro (14,5%). Die Differenz wird von den Verbrauchern aufgebracht.

Im Jahr 2013 wird der von den Stromverbrauchern aufzubringende Betrag bei 0,052 Euro/KWh liegen.

Geht man davon aus, dass die Höhe des Betrags des über das EEG geförderten Stromanteils von 102,877 Mrd. KWh in 2011 bei 0,163 Euro/KWh liegt (bezogen auf die gesamte Strommenge ergibt sich dann der bekannte Wert von 0,035 Euro/KWh), so muss die EEG-Abgabe mit steigendem gefördertem Stromanteil zwangsläufig ansteigen: bei 80% gefördertem Stromanteil auf 0,8 x 0,163 Euro/KWh= 0,13 Euro/KWh (entsprechend 0,163 Euro/KWh bei 100%) – bei gleicher Verteilung der verschiedenen alternativen Energien und gleichen Fördersätzen.

Die Aussage von Frau Merkel (Juni 2011), der EEG-Anteil würde nicht über 3,5 ct/KWh ansteigen, ist daher als eine bewusste Täuschung einzustufen.

Bezieht man die Förderrate von 0,163 Euro/KWh (2011) auf die gesamte Strommenge von 410 Mrd. KWh/a, so ergeben sich jährliche Mehrkosten von 66,8 Mrd. Euro/a. Abzüglich eines angenommenen Börsenwertes von 15% ergibt das den Betrag von 57 Mrd. Euro/a, die über das EEG aufgebracht werden müssten.

Dies ist jedoch eine theoretische Rechnung – eine gesicherte Stromversorgung wäre mit diesem Mix nicht möglich (vgl. Kapitel 10.2).

9 Stromversorgungssicherheit

9.1 Aufbau der Stromnetze in Deutschland und Stromausfall

Mit 1,65 Mio. km Kabeln und Leitungen verfügt Deutschland über das dichteste Stromnetz in Europa. Kaum ein Land hat in der Vergangenheit mehr in seine Stromnetze investiert und penibler auf Qualität und Versorgungssicherheit geachtet.

Die Transport- und Verteilungssysteme der deutschen Stromversorger sind für unterschiedliche Zwecke in vier Spannungsebenen gegliedert.

In den überregionalen Übertragungsnetzen wird mit Höchstspannung von 220 oder 380 KV gearbeitet. Die Höchstspannungsleitungen transportieren elektrische Energie von den Großkraftwerken über große Entfernungen zu Umspannanlagen in der Nähe der Verbrauchungsschwerpunkte. Über diese Stromautobahnen läuft auch der grenzüberschreitende Stromhandel. Regionale und große städtische Verteilungsnetze werden mit Hochspannung (110 KV) und Mittelspannung (6–60 KV) betrieben. Die Hochspannungsleitungen übertragen elektrische Energie zu großen Industriebetrieben oder Stadtwerken. In Umspannungsanlagen wird die Spannung dann weiter auf 10 KV abgesenkt. An diese Mittelspannungsnetze sind Industrie- und größere Gewerbebetriebe angeschlossen.

Haushalte, kleinere Gewerbebetriebe und die Landwirtschaft verfügen ausschließlich über Geräte, die mit Niederspannungen von 230 V bzw. 400 V betrieben werden. Dazu muss die Mittelspannung zur Einspeisung ins örtliche Niederspannungsnetz erneut abgesenkt werden.

Sichere Stromversorgung ist ein Standortvorteil, denn Energieausfälle können große volkswirtschaftliche Schäden verursachen. Das deutsche Stromnetz weist einen hohen Vermaschungs– und Verkabelungsgrad auf. Ersterer bewirkt, dass kleinere Stromausfälle lokal begrenzt bleiben, Letzterer minimiert die Auswirkungen von extremen Wetterlagen. Deutschland ist aufgrund seiner stabilen Stromnetze Europameister bei der Versorgungssicherheit:

Mit Ausfallzeiten von durchschnittlich 23 Minuten liegt die Bundesrepublik weit vor Industriestaaten wie Frankreich (60 Minuten), Großbritannien (87 Minuten) und Italien (91 Minuten). Die Statistik erfasst nur technisch bedingte Störungen (»Süddeutsche Zeitung«, 18.9.2007).

Laut Aussage des Verbands der Industriellen Energie- und Kraftwirtschaft (VIK) haben 60% der Störungen weniger als eine Sekunde gedauert, was vor allem Industriekunden erhebliche Probleme verursacht.

Stromausfälle bedeuten volkswirtschaftliche Kosten. Wirtschaftsminister Philipp Rösler sagte im Mai 2011 dazu: »In Studien wird die Schadenshöhe eines Blackouts mit mindestens 6,50 Euro/KWh angegeben. Wir verbrauchen etwa 1,6 Mrd. KWh am Tag. Das tägliche Bruttoinlandsprodukt in Deutschland beträgt etwa 6 Mrd. Euro.«

Zwei Gesetze vom Sommer 2011 machten den Weg frei für den dringend benötigten Netzausbau: die Novelle des Energiewirtschaftsgesetzes (EnWG) und das Netzausbaubeschleunigungsgesetz (NABEG). Die neuen Regelungen sollen die zukünftigen Planungs- und Genehmigungsverfahren für landübergreifende Stromleitungen von zehn auf vier Jahre verkürzen.

Der Bundesrat hat im Juni 2013 das Bundesbedarfsplangesetz gebilligt, wonach mit der Festlegung von Korridoren für die neuen Stromleitungen begonnen werden kann. Projektgegner können nun die energiewirtschaftliche Notwendigkeit der Leitungen nicht mehr infrage stellen. Klagen sind nur noch vor dem Bundesverwaltungsgericht zulässig.

9.2 Anschluss der alternativen Energien an das Stromnetz, Netzausbau, Kosten und Einspeiseschwierigkeiten

Ursprünglich waren die Stromnetze so ausgelegt, dass von in großen, leistungsstarken Kraftwerken erzeugter Strom über mehrere Spannungsebenen in die Städte und aufs flache Land – und immer bis zur letzten Steckdose – geschickt wurde. Die Stromnetze stehen heute vor einer völlig neuen Herausforderung: Sie müssen Strom in der untersten Ebene des Netzes aufnehmen können – auch vom entferntesten Bauernhof mit Solaranlagen. Aus Verteilernetzen werden Energiesammelnetze.

Nach Aussage des »VDI Ingenieurforums« (Ausgabe 2/2012) werden die Photovoltaik-Anlagen meistens in das Niederspannungsnetz (230/400 V) eingespeist, moderne Windenergieanlagen bzw. Windparks entweder in das Mittelspannungsnetz (10 KV oder 20 KV) oder ins Hochspannungsnetz (110 KV).

Der von den Solarzellen erzeugte Gleichstrom wird zunächst mit Wechselrichtern in Wechselstrom umgewandelt und in das Verteilernetz eingespeist.

Probleme verursacht die Photovoltaik wegen ihrer dezentral verteilten Einspeisung auch in den unteren Spannungsebenen des Netzes, das bisher nur auf die Versorgung der Abnehmer, aber nicht auf die Bewältigung vieler Stromerzeuger ausgelegt war. PV-Anlagen sind derzeit mit ihren Wechselstromrichtern so ausgelegt, dass alle Anlagen – wie in der bisherigen Niederspannungsrichtlinie des BDEW gefordert – bei einer Netzfrequenz von 50,2 Hz, die die Folge einer zu hohen Stromeinspeisung ist, gleichzeitig vom Netz gehen. Dieser abrupte Einbruch kann dann zu einem Netzausfall führen. (Beispiel November 2006; das europäische Netz ist nur für einen schlagartigen Ausfall von 3 GW Erzeugungsleistung ausgelegt.)

In die PV-Anlagen müssten Messgeräte eingebaut werden, die ständig die Netzfrequenz messen und bei zu hoher Gesamteinspeisung, die sich durch Überschreiten der kritischen 50,2-Hertz-Grenze ankündigt, die Einzelanlage abschalten. Das bedeutet eine teure Nachrüstung der PV-Anlagen.

Hinzu kommt, dass mittlerweile eine Million PV-Anlagen (Nennleistung rund 30 GW; nach dem EEG sind 65 GW in 2050 geplant) an sonnenreichen Tagen so viel Strom liefern, dass die regionale Niederspannungsnetze längst an die Grenzen stoßen.

Windkraftanlagen können durch verschiedene Maßnahmen eine konstante Frequenz in das Netz einspeisen.

Für die bessere Abnahme des Windstroms wünscht die Regierung bereits bis 2020 den Bau von 4000 km neuen Hochspannungsleitungen von Nord- nach Süddeutschland, um etwa 10 GW für die stillgelegten Atomkraftwerke im Süden auszugleichen. Die Kosten werden einschließlich der offshore-Anbindung mit 32 Mrd. Euro angegeben.

Auch die Verteilnetze sollen in moderner Netztechnik ausgebaut werden (BMU). Nach Berechnungen des Bundesverbandes der Energie- und Wasserwirtschaft (BDEW) sind bis 2020 380 000 km neue Leitungen im Verteilernetz notwendig. Dazu zählen die regionalen Hochspannungsnetze (100 oder 60 KV mit 77 000 km), das Mittelspannungsnetz (30–3 KV mit 500 000 km) und das Niederspannungsnetz (400 oder 230 V mit über 1 Mio. km).

Die Gesamtkosten für diese Maßnahmen werden mit etwa 53 Mrd. Euro abgeschätzt.

Im Jahr 2011 waren zum ersten Mal mehr Stromerzeugungskapazitäten an die Verteilnetze angeschlossen als an das Übertragungsnetz: Knapp 83 GW hingen an Verteilernetzen, 77,6 GW an den Stromautobahnen.

Schwierig wird es, wenn Bauern zu Energiewirten werden. Das vorhandene Verteilnetz orientiert sich an den Verbrauchsschwerpunkten innerhalb der Städte und Dörfer, auf leistungsstarken Anlagen im Außenbereich ist es nicht ausgelegt.

Bei den Verteilernetzen konkurrieren Hunderte von Stadtwerken und Netzbetreibern ohne Koordinierung miteinander – alle wollen unabhängig voneinander »smart grids« aufbauen. Ob sie dann zusammenpassen, scheint noch niemand zu interessieren.

Die Bundesnetzagentur hat ein Gutachten erstellen lassen, ob die neuen Stromautobahnen teilweise entlang der Leitungstrassen verlaufen können, über die die Deutsche Bundesbahn den Strom für den Eisenbahnverkehr führt. Das Gutachten besagt, dass mit technischen Schwierigkeiten und teils sehr hohen Kosten zu rechnen sei. Das Urteil der Netzagentur ist ein Dämpfer für Bürgerinitiativen und Umweltschützer.

Die Bahn betreibt für ihre Züge ein eigenes Stromnetz mit einer Trassenlänge von 7800 km. Diese Leitungen überschneiden sich aber nur zu einem kleinen Teil mit jenen Nord-Süd- und Ost-West-Verbindungen, die für die Energiewende nachgerüstet werden müssen.

Eine »Doppelnutzung« des Netzes für Eisenbahnen und die öffentliche Energieversorgung scheidet aus, da das Bahnnetz mit einer anderen Frequenz betrieben wird. Daher lassen sich die vorhandenen Strommasten auch nicht einfach mit zusätzlichen Freileitungen für den üblichen Drehstrom bestücken, weil es dann zu störenden Wechselwirkungen kommt.

Die wirtschaftlich günstigere Variante sei es, Bahnstromleitungen und Kabel für Gleichstrom-Hochspannung (HGÜ) über gemeinsame Masten zu führen. Dazu müssten neue kombinierte Masten in Kompaktbauweise entwickelt werden.

9.3 Grenzüberschreitende Stromnetze

Im Klimaschutzpaket verpflichtet sich die EU zum Ausbau der erneuerbaren Energiequellen zunächst auf 20% des Verbrauchs bis 2020. Dafür muss die EU die Infrastruktur anpassen, um die benötigten Wind-, Sonnen- und Wasserkraftwerke anzubinden. Das Energie-Binnenmarktpaket wiederum verpflichtet die Netzbetreiber zum ersten Mal, einen konkreten Zehnjahresplan zum Ausbau der Infrastruktur vorzulegen. Zudem ist in dem Paket vorgesehen, dass 80% der Verbraucher bis 2020 in ihrem Haushalt »intelligente Stromzähler« haben sollen. Diese ermöglichen eine gezielte Steuerung des Stromverbrauchs und damit Einsparungen (vgl. Kapitel 9.6).

Außerdem hat die EU bereits beschlossen, die Treibhausgase bis 2050 um 80–95% zu reduzieren. Als neues Zwischenziel wurde nun festgelegt, den CO_2-Ausstoß bis 2030 um 40% abzubauen.

Mit 210 Mrd. Euro beziffert die EU die bis 2020 notwendigen Investitionen, um das EU-Strom- und -Gasnetz zu sanieren und neu auszurichten, davon 70 Mrd. für das Gasnetz.

Die 140 Mrd. Euro für das Stromnetz teilen sich wie folgt auf: 40 Mrd. Euro für intelligente Stromzähler, 70 Mrd. Euro für den Ausbau des Stromnetzes auf dem Festland und 30 Mrd. Euro für den Bau von Überseeleitungen für die Anbindung von Hochsee-Windparks.

Über die Netzanbindung mit Norwegen wird in Kapitel 7.6 berichtet.

Deutschland verfügt über Stromgrenzübergänge zu Nachbarstaaten, die die Produktion von rund 20 Großkraftwerken abdecken können.

9.4 Stromverluste durch Übertragung

Zur Übertragung von elektrischer Energie mittels Wechselstrom über große Distanzen werden Spannungen zwischen 10 und etwa 1000 KV verwendet, um die Leitungsverluste gering zu halten.

Die Übertragungsverluste betragen etwa 6% je 100 km bei einer 110-KV-Leitung, 3% bei 380 KV und 0,5% bei 800 KV.

Die Stromverluste im Umspannwerk liegen bei rund 1%.

Die Hochspannungs-Gleichstrom-Übertragung (HGÜ) dient der Energieübertragung mittels Gleichstrom über Entfernungen von rund 750 km aufwärts, da Gleichstrom dann insgesamt geringere Übertragungsverluste aufweist als die Übertragung mit Dreiphasenwechselstrom.

Die Verluste betragen lediglich durch Übertragung bei Entfernungen von 1000 km nur 2–3%.

Auf einer Versuchsstrecke in Datteln hat man auf 2,4 km nachgewiesen, dass Wechsel- und Gleichstrom auf einer Trasse transportiert werden können, ohne dass Blitzschlag, Magnetfelder und Ionenwolken zu ungewollten elektrischen Flüssen führten. Allerdings muss der Strom von der 400-Kilovolt-Gleichstrom-Autobahn auf die niedrigere Spannung des Verteilnetzes und auf Wechselstromspannung gewandelt werden. Dafür sind Hochspannungsgleichstromkonverter nötig. Solche Anlagen kosten jeweils an die 300 Mio. Euro.

Würde nach Abschaltung der Atomkraftwerke in Süddeutschland der Stromtransport von der Nordsee über etwa 1000 km nach Süddeutschland über Wechselstrom (380 KV) vorgenommen, lägen die Stromverluste bei 30 %.

9.5 Sicherheit Stromversorgung bei zunehmender Einspeisung über alternative Verfahren

Im Kapitel 9.2 war bereits auf die technischen Schwierigkeiten beim Anschluss der alternativen Energien an die Netze hingewiesen worden, die die Versorgungssicherheit erheblich erschweren.

Dafür gibt es bereits eine Reihe von Beispielen: kurze Unterbrechungen im Millisekundenbereich und Frequenzschwankungen. So listet z. B. eine Tochterfirma des norwegischen Norsk-Hydro-Konzerns, der als drittgrößter Aluminiumhersteller der Welt in Deutschland an 14 Standorten Unternehmen der Aluminium-Primärproduktion betreibt, die Probleme aus den Instabilitäten des Stromwerkes in einem Brief an den Präsidenten der Bundesnetzagentur Matthias Kurth auf. Man beobachte »seit Juli 2011 eine beunruhigende Häufung aus Netz- und Frequenzschwankungen«. Die steigende Zahl der netzbedingten Produktionsbeeinträchtigungen sei alarmierend. Eine solche Häufung von Zwischenfällen habe es den vergangenen Jahrzehnten gegenüber nicht gegeben.

Beim Netzbetreiber 50Hertz werden unter anderem Verträge mit Großabnehmern abgeschlossen, die es erlauben, bei Engpässen die Stromerzeugung gegen Entschädigung kurzfristig abzuschalten, damit die übrige Versorgung aufrechterhalten werden kann.

Heinz-Peter Schlüter, der Aufsichtsratsvorsitzende und Eigentümer von Trimet Aluminium, hatte in den Anhörungen der »Ethikkommission für eine sichere Energieversorgung« vor den unausweichlich auf die Industrie zukommenden Problemen gewarnt: Mit dem Wegfall einer zuverlässigen Stromversorgung verliere er seine Existenzgrundlage. »Vier

Stunden ohne Stromversorgung und die Produktionsanlagen meines Unternehmens wären irreparabel zerstört«, hatte Schlüter gewarnt. Die Ethikkommission, unter der Leitung von Klaus Töpfer, setzte sich darüber hinweg, bei ihrer Zusammensetzung nicht verwunderlich.

Um den Winter zu überstehen, sollen hochbetagte, ineffiziente und damit besonders teure Kohlekraftwerke sicherstellen, dass die Stromversorgung bei hoher Nachfrage im Winter nicht zusammenbricht, nicht zuletzt durch zusätzliche Elektrizitätslieferungen aus Österreich.

Die Kosten für die Reservekapazitäten, die die Netzbetreiber im Voraus buchen müssen, werden auf die Netzkosten und damit auf den Strompreis umgelegt.

Bei dem akut drohenden Netzzusammenbruch im Februar 2012 mussten die Netzbetreiber Strom zu horrenden Preisen im Ausland einkaufen. So musste die EnBW Transportnetze AG am 9.2. um 4.45 Uhr vom Netzbetreiber Swissgrid, Schweiz, eine Notreserve von 300 MW Stromleistung anfordern und dafür mit 3000 Euro/MWh einen Preis bezahlen, der um das 50-Fache über dem normalen Strombörsenpreis lag.

In der Frostperiode im Winter 2012 waren die Nord-Süd-Hochspannungsleitungen randvoll mit Strom aus allen verfügbaren konventionellen Kraftwerken. In einer Stromautobahn, die nach der Stilllegung der beiden Biblis-Blöcke rund um die Uhr Grundlaststrom aus dem Ruhrgebiet in den Rhein-Main-Raum bringt, sind ständige Wechsel zwischen Kohle- und Windstrom kaum zu steuern.

Nach Matthias Kurth, dem ehemaligen Präsidenten der Bundesnetzagentur, musste im Winter 2012 zur Stabilisierung des Netzes sogar verstärkt auf Regelenergie zurückgegriffen werden. Das ist ein ungewöhnlicher Vorgang, weil dann kurzfristige Reserven für unvorhergesehene Ereignisse fehlen.

Wie eine aktuelle Umfrage zeigt (45 Unternehmen aus 62 Standorten), ist die Zahl der gemeldeten Versorgungsstörungen von 2009 bis 20011 um 31% gestiegen, die der Kurzunterbrechungen (bis zu 1 Sekunde) um 29%. »In 46% aller Schadensfälle kam es zu Produktionsausfällen, in 19% der Fälle wurde ein teils erheblicher Instandsetzungsaufwand zur Fehlerbeseitigung erforderlich. In den übrigen Fällen traten Schäden an elektronischen Bauteilen, der Ausfall von Motoren und Maschinen oder sonstige Störungen auf.«

Das Stahlwerk Hamburg-Finkenwerder benötigt im Jahr 1 Mrd. KWh, so viel wie 250000 Vierpersonenhaushalte. Ein Ernstfall trat Anfang Februar 2012 ein. Es war sehr kalt und der Strombedarf schoss in die Höhe. Hamburg befand sich nahe am Blackout. Doch bevor der Stadt das Licht ausging, wurden die Öfen abgestellt – die Nichtproduktion wurde bezahlt.

Wenn im überlasteten Stromnetz die Frequenz von normalerweise 50 Hertz unter den kritischen Wert von 49,8 Hertz sinkt, droht der automatische »Lastabwurf«. Die dabei entstehenden starken Schwankungen bergen stets die Gefahr eines weitflächigen Netzzusammenbruchs in sich. Im Februar 2012 gelang es in Deutschland, dieser drohenden Gefahr mit dem raschen Hochfahren eines österreichischen Ölkraftwerks zu begegnen.

Weniger Glück hatten die Netzleitstellen im November 2006, als eine über die Ems führende Hochspannungsleitung wegen der bevorstehenden Überführung eines Kreuzfahrtschiffes sicherheitshalber spannungslos gemacht werden musste. Die Netzfrequenz sank westlich der Ems bis auf 49 Hertz ab. Durch automatische »Lastabwürfe« gingen bis nach Marokko die Lichter aus.

9.6 Intelligente Stromnetze und dezentrale Stromversorgung

Das intelligente Stromnetz (smart grid) umfasst die kommunikative Vernetzung und Steuerung von Stromerzeugern, Speichern, elektrischen Verbrauchern und Netzbetriebsmitteln in Energieübertragungs- und -verteilungsnetzen der Elektrizitätsversorgung. Dieses ermöglicht eine Optimierung und Überwachung der miteinander verbundenen Bestandteile.

Während bislang Stromnetze mit zentraler Stromerzeugung dominieren, geht der Trend zu dezentralen Erzeugungsanlagen. Dies führt zu einer wesentlich komplexeren Struktur, primär im Bereich der Lastregelung, der Spannungshaltung im Verteilnetz und zur Aufrechterhaltung der Netzstabilität. Kleinere, dezentrale Erzeugeranlagen speisen im Gegensatz zu mittleren bis größeren Kraftwerken auch direkt in die unteren Spannungsebenen wie das Niederspannungsnetz oder das Mittelspannungsnetz ein.

Generell werden Netze auf die mögliche Höchstbelastung ausgelegt.

Die Reduktion der Höchstbelastung durch ein intelligentes Stromnetz erlaubt eine kleinere Auslegung der Netzinfrastruktur, was zu Kostenvorteilen führt.

Für die Verbraucher ist eine wesentliche Änderung der Einbau von intelligenten Zählern (smart meters). Ihre Aufgabe ist es, kurzfristig innerhalb eines Tages schwankende Strompreise realisieren zu können und den Verbrauch zu steuern.

Mit Nachtstromspeicheröfen und festen Nachttarifen wurde dies bereits vor Jahrzehnten realisiert.

Regenerativ heißt dezentral durch die immer stärkere Einbindung von Wind, Photovoltaik, Biomasse, Blockheizkraftwerke (BHKW) etc. in die Stromnetze.

Mit virtuellen Kraftwerken will man Schwankungen beim Angebot von Ökostrom ausgleichen. Dazu müssen Kleinstkraftwerke »intelligent« zu einem System zusammengeschlossen werden. Damit hat man es mit einem ganzen Kraftwerkspark zu tun, während Dampfkraftwerke mit den Hauptbestandteilen Turbine und Generator recht übersichtlich sind.

In den Verbund eines virtuellen Kraftwerks passen Windräder, Blockheizkraftwerke (BHKW), Brennstoffzellenheizgeräte, Wärmepumpen, Photovoltaik– und Kleinwasserkraftanlagen sowie Biogasreaktoren, die Gasmotoren mit Brennstoff versorgen.

Mit den virtuellen Kraftwerken will man den Hauptnachteil von Photovoltaikanlagen und Windrädern ausmerzen, die Strom nur unstet zur Verfügung stellen. Immer wenn der Wind ausbleibt und Wolken die Sonne verdecken, laufen gasgefeuerte BHKW an und pumpen Leistung ins Netz. Wird dagegen mehr Ökostrom erzeugt als nachgefragt, starten Wärmepumpen und erzeugen heißes Wasser, das für die Zeit der nächsten Flaute in Pufferspeicher eingelagert wird.

Vattenfall probt diesen Fall neben anderen Unternehmen seit einiger Zeit in Berlin. So hat man etwa vier Dutzend unterschiedlich große BHKM, verteilt über ganz Berlin, zu einem virtuellen Kraftwerk zusammengeschlossen.

BHKW arbeiten nach dem Prinzip der Kraft-Wärme-Kopplung (KWK). Der Motor im Gerät verbrennt Gas und treibt damit einen Generator an, der die mechanische Energie des Motors in Strom umwandelt. Dabei entsteht Wärme, die für die hauseigene Heizung verwendet wird.

In den Sommermonaten kann die KWK ihren Reiz einer hohen Brennstoffausbeute, verbunden mit Wirkungsgraden von bis zu 90%, nicht ausspielen. Daher verwässert das Zusammenschließen von mehreren (kleinen) BHKW das hehre Ziel des virtuellen Kraftwerks, ein nennenswertes Speichervolumen für überschüssigen Windstrom zu bieten. Der Schlüssel für das reibungslose Funktionieren dieses Konzepts ist der Aufbau eines Kommunikationsstandards für die zentrale Steuerung, eine Herkulesaufgabe. Dazu zählt auch, die jeweiligen Zustände der Nieder- und Mittelspannungsnetze in Echtzeit in das System einzubinden. Hinzu kommt, dass das Verteilernetz ausgebaut und vollkommen neu ausgerichtet werden muss. Das alles kostet viel Geld.

Der Nachteil der BHKW ist der ausschließliche Verbrauch von chemischen Energieträgern: Erdgas (auch veredeltes Biogas), Benzin oder Diesel (ebenfalls ggf. mit Biospritanteilen). Erdgas wäre also mit Abstand der häufigste Brennstoff. Damit wird der Betrieb dieser Kleinanlagen von den Mineralöl- und Erdgaspreisen bestimmt – und zumindest zu 95% von Importen abhängig.

Daneben spielen auch die erheblich höheren Investitionskosten bei den Kleinanlagen eine Rolle. Für den Ersatz eines 1000-MW-Kohlekraftwerks sind rund 330000 Kleinanlagen mit 3 KW erforderlich. Eine Kleinanlage kostet 8000–22000 Euro entsprechend 3700–7500 Euro/KW. Die Investitionskosten eines Kohlekraftwerks liegen bei rund 1000 Euro/KW.

So bleibt Deutschlands größter Ökostromanbieter »Lichtblick« hinter den Erwartungen zurück. Bisher wurden etwas mehr als 500 Minikraftwerke verkauft. Langfristig soll ein Netz von 100000 Geräten als virtuelles Kraftwerk errichtet werden. Zusammengeschaltet sollen diese Energiespender ein virtuelles Großkraftwerk mit einer Leistung zweier Kernreaktoren bilden.

»Lichtblick« war eines der ersten Unternehmen, die ein konkretes »Schwarmstromprojekt« in Angriff nahmen. Inzwischen arbeitet eine ganze Reihe von großen Unternehmen an vergleichbaren Vorhaben (Vattenfall, Telekom, RWE).

10 Mehrkosten durch die erneuerbaren Energien

10.1 Stromkosten ausschließlich durch Windanlagen bei Ansatz der EEG-Einspeisevergütung und Gas als Puffer

Im Kapitel 7.1 ist herausgearbeitet worden, wie die Stromerzeugungsschwankungen der Windenergie über Pumpspeicherwerke ausgeglichen werden könnten, wenn sie denn zur Verfügung stünden, was aber bei den landschaftlichen Gegebenheiten und der Akzeptanz durch die Bevölkerung in Deutschland nicht machbar ist. Andere wirtschaftliche Verfahren zur Verarbeitung von Überschussstrom sind nicht in Sicht.

Im Folgenden wird nun eine Kostenabschätzung für die Stromerzeugung über Windanlagen unter Zugrundelegung der EEG-Förderrate gemacht unter der Annahme, dass parallel ausschließlich Windkraftwerke (WKA) und Gaskraftwerke als Puffer eingesetzt werden.

Bei dem beschriebenen Konzept werden Gaskraftwerke mit ähnlich leistungsfähigen Windkraftanlagen gekoppelt. Immer dann, wenn der Wind nicht genug leistet, springen Gaskraftwerke ein.

Kosten für zusätzlichen Netzausbau, neue Gaskraftwerke, Gasleitungen etc. sind zunächst in der Kalkulation nicht enthalten. Eine Gesamtkostenbetrachtung aller Kostenelemente unter Einbeziehung der Solarenergie wird im nächsten Kapitel vorgenommen.

Es soll nun zunächst der Grundlastbetrieb sicher gewährleistet sein (siehe Bild 12, S. 40). Grundlast bezeichnet die Netzbelastung, die während eines Tages in dem Stromnetz meist nicht unterschritten wird. In Deutschland liegt sie etwa bei 40 GW im Gegensatz zur Tageshöchstlast von 75–80 GW, wobei diese Werte aber je nach Stromnachfrage sehr schwanken können (z.B. an Wochenenden und Feiertagen). Das Netz ist für etwa 80 GW ausgelegt.

Für die WKA wird eine durchschnittliche effektive Leistung im Jahresmittel von 20% der Nennleistung angenommen (15% onshore, 25% offshore), d.h., dass ein 300-MW-Gaskraftwerk mit 300 WKA mit je 5 MW Nennleistung gekoppelt wird.

Um die Leistung von 40 GW zuverlässig bereitzustellen, wären rund

133 Gaskraftwerke mit 300 MW und rund 40000 WKA mit 5 MW Nennleistung erforderlich.

Bild 14 (S. 50) zeigt den Windgang am Beispiel des Verlaufs aller WKA in Deutschland im März 2011, die in Bild 16 auf eine Grundlast von 40 MW hochgerechnet wurden.[48]

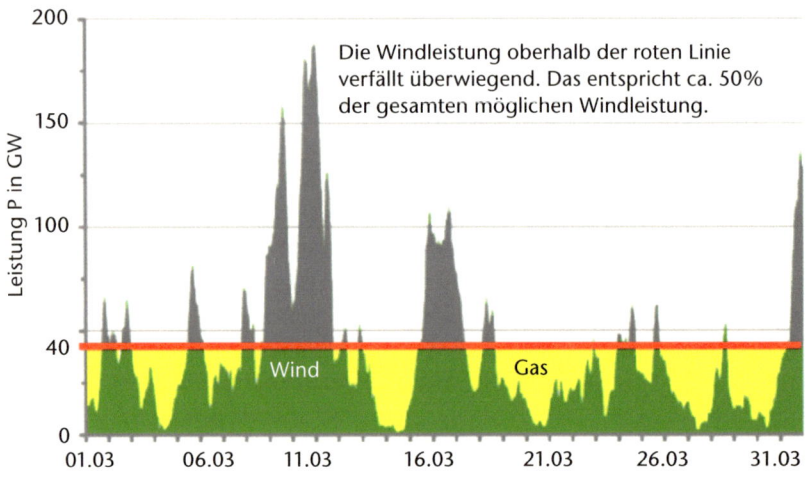

Bild 16: Gesamtwindleistung von März 2011 hochgerechnet auf eine Stromleistung von 40GW

Wie sich Wind und Gas die Erzeugung aufteilen, wird aus dem Bild ersichtlich. Für die unvermeidbare überschüssige Windenergie (grau) wird es bei der gegebenen Auslegung der Netze für Schwankungen in Nachbarländern keine Abnehmer geben, obwohl die Kosten anfallen, d.h. die Anlagen müssen stillgesetzt werden. Windenergie, die angeboten wird, aber nicht abgenommen wird, muss jedoch bezahlt werden (EEG, festgeschrieben für 20 Jahre).

Kalkulation Grundlast

Es entfallen auf alle der ständig angebotenen 40 GW des gekoppelten Systems im Durchschnitt auch immer die vollen Windkosten und zusätzlich die 50% von 40 GW, nämlich 20 GW, an, die über Gaskraft aufgebracht werden müssen, wobei die Gaskraftwerke für 40 GW ausgelegt sein müssen.

Die Erzeugerkosten liegen wie folgt:
- 9 ct/KWh (Einspeisevergütung) für WKA onshore
- 14 ct/KWh (Einspeisevergütung) für WKA offshore
- 5 ct/KWh Erzeugerkosten für Gaskraftwerke sowie 1,5 ct/KWh für Bereitstellung (vgl. Kapitel 10.2)

Da im gegebenen Fall 50% des Windstromes nicht genutzt werden können, verdoppeln sich die Erzeugerkosten für Wind für den nutzbaren Stromanteil:
- 18 ct/KWh für WKA onshore
- 28 ct/KWh für WKA offshore
- 5+1,5 ct/KWh für Gas als Puffer

Daraus errechnen sich bei einem Betrieb mit WKA onshore und offshore (Verhältnis 1:1) sowie Gas als Puffer Mischkosten von

14,8 ct/KWh

Kalkulation Mittel-/Spitzenlast

Geht man von einer Mittel-/Spitzenlast von durchschnittlich 70 GW aus, die täglich über 16 Stunden aufrechterhalten werden muss, so liegen im gegebenen Fall die Stromverluste über Wind in dieser Zeit gemessen an der Grundlast mit 35 GW deutlich höher. Der über Gas dann bereitzustellende Stromanteil steigt im Durchschnitt auf 35 GW, wobei die Gaswerke auf 70 GW ausgelegt sein müssen. Das heißt aber auch, dass mit steigendem Anteil an Windstrom die Verluste immer größer werden und damit die Gesamtkosten immer weiter ansteigen müssen, worauf in Kapitel 10.2 näher eingegangen wird.

Schon bei diesen Überlegungen stellt sich unschwer die Frage, wie im Jahr 2050 der Anteil der erneuerbaren Energien auf 80 oder gar 100% angehoben werden soll, wenn bei der Fahrweise mit ausschließlich Wind der Anteil nicht über 50% erhöht werden kann (s. auch Kapitel 10.2).

Impliziert heißt das aber auch, dass unabhängig von der Höhe des bereitzustellenden Stromangebots über Wind bei dem gegebenen volatilen Stromangebot stets 50% nicht genutzt werden können bzw. die Anlagen stillgesetzt werden müssen, weil der Überschussstrom keinem wirtschaftlichen Verwendungszweck zugeführt werden kann. (Wie in Kapitel 7.1 deutlich wird, können ab 2050 nach dem Konzept der Energiewende sogar weit mehr als 50% des volatilen Stroms nicht genutzt werden.)

Eine Einbeziehung des Anteils an Solarenergie wird an dieser Betrachtungsweise nicht viel ändern, abgesehen von einer noch zunehmenden Schwankungsbreite der Stromerzeugung sowie den steigenden Kosten durch die höhere EEG-Einspeisevergütung (siehe Bild 15, S. 51).

Aus den Bildern 14 und 15 (s. S. 50 u. 51) wird jedoch weiter deutlich, dass nach dem Plan der Energiewende 2050 von den alternativen Stromerzeugungsverfahren ausschließlich die »Sonstigen« (Biomasse etc.) eine steuerbare Stromerzeugung darstellen können. Ihr Beitrag zur Stromerzeugung kann jedoch nur begrenzt sein (Kapitel 7.3).

Es ist weiter ersichtlich, dass die Steuerung eines wechselnden Strombedarfs von z.B. 40 auf 70 GW über die volatilen Stromerzeuger Wind und Solar in keiner Weise regelbar ist. Da nach dem Plan der Energiewende ausschließlich Gas eingesetzt werden soll, sind entweder exorbitant hohe Gasmengen erforderlich oder es muss ein überhöhtes Angebot an Wind- und Solarstrom bereitgestellt werden, was dann aber wegen des damit anfallenden hohen Überschussstroms ständig zu Stillständen der Anlagen führen müsste.

Hierauf wird nun kostenmäßig eingegangen.

Im Folgenden wird ein Vergleich angestellt zwischen den Mehrkosten durch die Fahrweise mit unterschiedlichen Windstrommengen und den Kosten durch Stromerzeugung mit herkömmlichen Verfahren.

Basierend auf diesen Überlegungen und der Unterstellung einer gesicherten Stromerzeugung ergeben sich gegenüber dem Betrieb mit herkömmlichen Erzeugungsverfahren folgende Kosten, wenn wie im folgenden Beispiel eine jährliche Stromerzeugung von 300 bzw. von zurzeit 410 Mrd. KWh/a (die energieintensiven Industrien sind vom EEG praktisch befreit) angenommen wird:

Herkömmliche Erzeugung:
Grundlast   40 GW: 4 ct/KWh (Durchschnitt Kern, Kohle)
Mittel-/Spitzenlast   30 GW: 5 ct/KWh (Gas)
Gewogenes Mittel 4,4 ct/KWh

Erzeugung über Wind:
Stromerzeugung (Mrd. KWh/a)   410   300
                                              (zurzeit)
                                              Mrd. €/a   Mrd. €/a
– Kosten herkömmliche Erzeugung   18   13,2
– Windstrom mit Gas als Puffer: 14,8 ct/KWh   60,7   44,4
– Mehrkosten Windstrom + Gas als Puffer
  gegenüber herkömmlicher Erzeugung   42,7   31,2

Aus dieser Betrachtungsweise werden die zunehmenden Mehrkosten durch die steigenden Stromverluste mit zunehmender Stromerzeugung über Wind deutlich, wie sie bei der Beschreibung der Kalkulation Grundlast und Mittel-/Spitzenlast angedeutet wurden.

Bezieht man die Mehrkosten von 42,7 und 31,2 Mrd. €/a auf die 40 Mio. Haushalte in Deutschland, so errechnet sich daraus eine monatliche Mehrbelastung von

89 €/Monat   (410 Mrd. KWh/a)
65 €/Monat   (300 Mrd. KWh/a)

In dieser Betrachtung sind die Mehrwertsteuer und sonstige Kosten nicht enthalten.

Inwieweit bei einer Stromerzeugung über ausschließlich Wind und Gas der CO_2-Gehalt der Atmosphäre vermindert werden kann, bedarf einer gesonderten Rechnung.

Andere Verfasser kommen unter zusätzlichem Einbezug der Kosten durch Photovoltaik, Kraftwerkskapazität und Netzausbau bei einer Stromerzeugung von 410 Mrd. KWh/a und einem Verhältnis Solar : Wind = 1:1 und offshore : onshore = 3:1 zu Mehrkosten von

83,1 Mrd. €/a

nur unter Einbeziehung der Erzeugerkosten und EEG, was einer monatlichen Mehrbelastung je Haushalt von

173 Euro/Monat   entspricht.[49]

Auch in dieser Rechnung wird von Gaskraftwerken als Backup ausgegangen.

10.2 Herstellkosten Strom ausschließlich über Windkraft- und Solaranlagen gemäß ihrer Einplanung in die Stromversorgung bis 2050 nach dem EEG

In Kapitel 10.1 waren in die Stromkostenbetrachtung für Windanlagen ausschließlich die jetzigen Einspeisevergütungen eingeflossen.

Im Folgenden wird nun versucht, ausgehend von dem jetzigen Kenntnisstand einzelner Kostenelemente eine Gesamtkostenbetrachtung für die Herstellung von Strom über die alternativen Stromerzeugungsverfahren Wind und Solar gemäß ihren vorgesehenen Anteilen an der Gesamtstromerzeugung nach dem EEG vorzunehmen, um einen Vergleich mit den herkömmlichen Stromerzeugungsverfahren anstellen zu können. Dabei wird das Augenmerk nicht auf die Übergangsphase bis 2050 gelegt, für die versucht wird, den Menschen mit unlauteren Argumenten einen marginalen Anstieg der Stromkosten einzureden, sondern auf die Zeit nach 2050 (vgl. Kapitel 8).

Investitionskosten (Basis: Plan EEG für erneuerbare Energien gemäß »Leitstudie« BMU)

Dazu werden zunächst die Investitionen der einzelnen Stromerzeugungsverfahren gegenübergestellt (siehe Anlage 1/Anhang), sowohl auf die installierte Leistung wie auf die effektive bezogen. Naturgemäß ist die Nutzungszeit bei den volatilen Verfahren – wie bereits erwähnt – deutlich geringer als bei den herkömmlichen Verfahren. Erschwerend kommt hinzu, dass die technische Lebensdauer mit maximal 20 Jahren angegeben wird, was die Investkosten für den Zeitraum der Energiewende 2010–2050 noch einmal verdoppelt (vgl. Kapitel 10.1).

Durch beide Einflüsse liegen die Investkosten z.B. gemessen an denen von Kohlekraftwerken etwa 20 (Wind) bzw. 30 (Solar) Mal höher (siehe Anlage 1).

Die Investitionskosten für die Offshore-Windanlagen mit 5 MW werden mit etwa 3000–5000 €/KW angegeben, der Betrag für Onshore-Anlagen mit etwa 1500 €/KW, wobei bei Onshore-Anlagen Angaben für 5-MW-Anlagen bisher nicht zur Verfügung stehen, lediglich

für kleinere Anlagen (Kapitel 7.1). Für die Kostenrechnungen sind die niedrigsten Preise für die 5-MW-Anlagen wie folgt angesetzt worden:
1500 €/KW für Onshore-Anlagen
3000 €/KW für Offshore-Anlagen

Der Preis für Solaranlagen ist in den letzten Jahren durch den China-Import stark gefallen und wird vor der Dumpingklage gegen China mit 1600 – 1900 €/KW angegeben (vgl. Kapitel 7.2.1).

Für die Kostenrechnung wurde ein Wert von nur 1500 €/KW angesetzt.

Es sei jedoch schon an dieser Stelle darauf verwiesen, dass es für die generelle Aussage dieser Ausarbeitung unerheblich ist, ob mit diesen zitierten Investkosten oder mit der Hälfte gerechnet wird, da die alternativen Stromerzeugungsverfahren Wind und Solar gegenüber den herkömmlichen Verfahren hoffnungslose Nachteile aufweisen, wie im Folgenden herausgearbeitet wird.

Bei den bisher zitierten Stromkosten der herkömmlichen Erzeugungsverfahren wie Kohle, Gas und Kernenergie sind die Kapital- und sonstigen Kosten eingeschlossen, bei den alternativen Energien sind bisher nur Einspeisevergütungen festgelegt, sodass im Folgenden zunächst die Kapitalkosten näher betrachtet werden sollen.

Geht man von dem Plan der »Energiewende 2050« aus (Anlage 2, vgl. auch Kapitel 5) und nimmt die Investkosten für Windkraftanlagen mit 1500 €/KW (onshore) bzw. 3000 €/KW (offshore) an (entsprechend 11,25 Mio. € im Durchschnitt für eine 5-MW-Anlage), die Solaranlagen mit 1500 €/KW, so ergeben sich die in der Anlage 3 dargestellten Investkosten. (Dabei wird davon ausgegangen, dass die Anlagen beginnend mit 2010 jeweils nach 20 Jahren stets erneuert werden müssen.)

Um die Wind- und Solaranlagen gemäß der »Energiewende 2050« zu bauen, müssen bis 2050 666 Mrd. Euro aufgebracht werden (424 Mrd. € für Wind und 242 für Solar) bzw. etwa 15 Mrd. €/a.

Hierin sind die zusätzlichen Gaskraftwerke, die Netzerweiterung etc. noch nicht enthalten, worauf später eingegangen wird.

Außerdem ist noch nicht berücksichtigt, dass über Wind und Solar gemäß Energiewende 2050 zwar 80% des Stroms über alternative Energien installiert werden sollen, die aber nur 38% des Stroms alternativ erzeugen können, ohne »Sonstige« sogar nur 15%, worauf ebenfalls später eingegangen wird.

Daher sind die aufzubringenden Investitionskosten noch deutlich höher als in Anlage 3 ausgewiesen, wenn entsprechend dem EEG der Stromanteil über erneuerbare Energien möglichst auf die Zielvorgabe von 80 bzw. 100% angehoben werden soll.

In der Anlage 4 wird nun zunächst eine Gesamtkostenbetrachtung für die ausschließliche Erzeugung von Strom über Wind- und Solaranlagen bei einer Installation von 79 GW (Wind) bzw. 65 GW (Solar) in 2050 gemäß »Energiewende 2050« angestellt, wobei auch die Entwicklung der Kosten über die Zeiträume 2010–2030 und 2030–2050 vorgenommen wird. Dabei wird der vorgesehenen abnehmenden Stromerzeugung bis 2050 (300 Mrd. KWh/a) Rechnung getragen.

Da aber die Bemessung der Einspeisevergütung für die alternativen Energien zurzeit auf eine Stromerzeugung von etwa 410 Mrd. KWh/a bezogen wird (die energieintensive Industrie ist weitgehend befreit), werden für den Zeitraum 2010–2030 410 Mrd. KWh/a, für den Zeitraum 2031–2050 350 Mrd. KWh/a und nach 2050 300 Mrd. KWh/a angesetzt, um die Kostenentwicklung durch die Energiewende betrachten zu können.

In der Kostenbetrachtung wird der Anteil des über die »Sonstigen« (Biomasse, Wasser etc.) angebotenen Stromanteils bei 20 GW (Plan für 2050) trotz der in Kapitel 7.3 geäußerten Bedenken wegen des hohen Flächenbedarfs belassen. Eine Kostenbetrachtung der »Sonstigen« wird mangels ausreichender Angaben nicht vorgenommen.

Um jedoch eine Gesamtkostenbetrachtung vornehmen zu können, muss zunächst die Verteilung der Stromerzeugung nach den verschiedenen Stromerzeugungsverfahren entsprechend dem Plan der »Energiewende 2050« errechnet werden.

Berechnung der Stromerzeugung nach den verschiedenen Stromerzeugungsverfahren bis 2050

Unter Zugrundelegung des Plans der Stromerzeugung nach dem EEG errechnen sich folgende Daten:

		2010–2030	2031–2050	nach 2050
a)	Stromerzeugung (Mrd. KWh/a)	410	350	300
b)	Zur Stromerzeugung installierte GW eff. (Anlage 2)	95	76,5	76,3
c)	GW eff. über Wind, Solar (Anlage 2)	13,5	22,0	22,3
	Wind	9,1	15,5	15,8
	Solar	4,4	6,5	6,5
d)	Strommenge über Wind, Solar $\frac{c \times a}{b}$ (Mrd. KWh/a), (%)	58 (14,1)	101 (28,9)	88 (29,3)
	Wind	39	71	62
	Solar	19	30	26
e)	GW eff. über Fossil + Atom (bis 2022) (Anlage 2)	69,8	37,4	36
f)	Strommenge über Fossil + Atom $\frac{e \times a}{b}$ (Mrd. KWh/a); (%)	303 (73,9)	171 (48,9)	141 (47)
g)	Strommenge über »Sonstige« a–d–f (Mrd. KWh/a); (%)	49 (12,0)	78 (22,2)	71 (23,7)
h)	Strom über Wind + Solar benötigt 50% Strom über Gas als Puffer $\frac{d}{2}$ (Mrd. KWh/a)	vernachl.	vernachl.	44

Betriebskosten

Die niedrigsten Angaben zu den Betriebskosten im Schrifttum liegen für Windkraftanlagen bei etwa 3% der Investkosten/a[50], die höchsten für Onshore-Anlagen bei 0,015 €/KWh und 0,030 €/KWh für Offshore-Anlagen.[51] In die Kostenrechnungen ist dann der Mittelwert von 0,0145 €/KWh eingeflossen.

Bei Solaranlagen liegen die niedrigsten Angaben für die Betriebskosten bei 1% bezogen auf die Investkosten/a[52] und 30 €/KW x a.[53] Damit schwanken die Betriebskosten zwischen 0,0022 und 0,0033 €/KWh, sodass mit einem Mittelwert von 0,0028 €/KWh gerechnet wurde.

Da die Anlagen wegen des Überschussstroms ständig stillgesetzt werden müssen, könnten sich veränderte Betriebskosten ergeben, zu denen zurzeit aber keine Angaben gemacht werden können.

Kosten Netzausbau

Die Angaben über die Kosten des Netzausbaues für die Nordsüdverbindung sowie der Ausbau des Verteilernetzes wurden den neuesten Angaben der zuständigen Stellen wie BDEW, Dena etc. entnommen (Offshore-Anbindung: 12 Mrd. €, Offshore-Nord-Süd-Verbindung: 20 Mrd. €, Ausbau Verteilernetze: 53 Mrd. €). Sicher wird der Ausbau der Verteilernetze zwangsläufig deutlich höher angesetzt werden müssen.

Gas als Puffer und Kosten für Gaskraftwerke

Im Kapitel 10.1 ist herausgearbeitet worden, dass zur Abdeckung einer Grundlast von 40 GW über Wind zusätzlich Gaskraftwerke mit einer Kapazität von 40 GW gebaut werden müssen, die jedoch nur 20 GW im Durchschnitt erzeugen dürfen.

Das bedeutet, dass für jede über Wind und Solar erzeugte KWh eine halbe KWh über Gas als Puffer erzeugt werden muss. Es wird davon ausgegangen, dass die zurzeit installierten Gaskraftwerke von etwa 23 GW die Mittel-/Spitzenlast abdecken.

Zur Abdeckung der Grundlast müssen dann in den nächsten Jahren Gaskraftwerke für 17,6 Mrd. € gebaut werden, was die Stromkosten im Zeitraum 2010–2030 erhöht (Anlage 4).

Kosten Nichtauslastung Gaskraftwerke
Die Nichtauslastung der Gaskraftwerke wird mit 0,015 Euro/KWh angesetzt.[54]

Gesamtkostenbetrachtung
Auf die hohen Gesamtkosten in der Übergangsphase 2010–2050 soll hier nicht weiter eingegangen werden, da es zum Teil Einmalkosten sind und hier das Hauptaugenmerk auf die nach 2050 anfallenden Kosten gelegt wird.

Sicher sind die in der Übergangsphase ausschließlich auf die Erzeugung des Stroms aus Wind und Solar bezogenen Kosten bemerkenswert hoch, werden sie doch in der Betrachtung nicht durch die Erzeugung von Strom aus den fossilen Stromerzeugungsverfahren vermischt, was bei den augenblicklichen Diskussionen geschickt zu der Aussage genutzt wird, dass die Erzeugung von Strom aus alternativen Verfahren doch gar nicht so teuer sei.

Aus der Kostenrechnung für die Herstellung von Strom ausschließlich über Wind und Solar ab 2050 (Anlage 4) ergeben sich bei einer Erzeugung von 88 Mrd. KWh/a über Wind und Solar zunächst Kosten von

0,398 €/KWh,

ein gemessen an der Stromerzeugung über konventionelle Stromerzeugungsverfahren von

0,044 €/KWh (vgl. Kapitel 10.1)

erschreckend hoher Betrag.

Aus der Betrachtung in Kapitel 10.1 (Bild 16, S. 76) ist bekannt, dass bei der Abdeckung der Grundlast von 40 GW nur über Wind und Gas als Puffer (Wind und Solar ändern wenig an dem volatilen Verhalten) 50% der Stromerzeugung nicht genutzt werden können, entsprechend 44 Mrd. KWh/a, was die Kosten für die nutzbaren 44 Mrd. KWh/a auf

0,796 €/KWh

verdoppelt. (Wie in Kapitel 7.1 deutlich wird, können ab 2050 nach dem Konzept der Energiewende sogar weit mehr als 50% des volatilen Stroms über Wind und Solar nicht genutzt werden.)

Um die folgenden Rechnungen zu vereinfachen und um eine Gesamtkostenbetrachtung einschließlich der Nutzung von Gas anzustellen, wurden

in der Anlage 4 Mischkosten aus Wind- und Solarkosten mit der erforderlichen Gasmenge als Puffer errechnet (Gas: 0,05 €/kWh)
0,423 €/KWh

Berechnung des prozentualen Stromanteils über alternative Energien gemäß EEG bis 2050 und Berechnung des höchstmöglichen Anteils

Die Stromerzeugung liegt nach dem Konzept der Energiewende 2050 bei 300 Mrd. KWh/a im Einzelnen wie folgt:
- Wind und Solar genutzt 44 Mrd. KWh/a (Verlust 44 Mrd. KWh/a)
- Gas als Puffer 44 Mrd. KWh/a
- »Sonstige« 71 Mrd. KWh/a
- Andere fossile Brennstoffe 141 Mrd. KWh/a
  (im Wesentlichen Gas, vgl. Kapitel 5)

                          300 Mrd. KWh/a

Damit werden zwar 53% Strom über alternative Energien erzeugt, aber durch den Verlust von 44 Mrd. KWh/a nur noch 38% genutzt (ohne »Sonstige« nur 15%), eine erschreckende Abweichung von der Zielvorgabe von 80%.

Ziel der Energiewende ist jedoch ein Stromanteil über alternative Energien nicht von 38%, sondern von 80%, einige Parteien und diverse Umweltorganisationen verlangen sogar 100%, was aber technisch nicht möglich ist, wie bereits in Kapitel 10.1 angedeutet wurde.

Im Folgenden nun eine Betrachtung zum höchstmöglichen Anteil an alternativen Energien an der Stromerzeugung auf der Basis der ab 2050 vorgesehenen Stromerzeugung und des gegebenen volatilen Verhalten der Stromerzeugung über Wind und Solar:

a) Stromerzeugung 300 Mrd. KWh/a

b) 20 GW über »Sonstige« bei 76,3 GW entsprechen 71 Mrd. KWh/a

c) Verbleiben 229 Mrd. KWh/a über Wind, Solar und Gas als Puffer

d) Bei 50% Gas als Puffer gilt:
   114,5 Mrd. KWh/a über Wind und Solar

114,5 Mrd. KWh/a über Gas als Puffer
114,5 Mrd. KWh/a über Wind und Solar als Verlust

e) verbleiben   114,5 Mrd. KWh/a   über Wind + Solar und
                 71,0 Mrd. KWh/a   über »Sonstige«
                185,5 Mrd. KWh/a   über nutzbare altern. Energien

Das bedeutet, dass bei dem gegebenen volatilen Verhalten der Stromerzeuger Wind und Solar maximal nur 62% Strom über alternative Energien erzeugt werden kann, auf Wind und Solar bezogen sogar nur 38%.

Diese höchstmögliche Stromerzeugung über alternative Energien liegt weit von dem ökologischen Wunschdenken von 80% – geschweige denn 100% an alternativem Strom in 2050 nach dem Gesetz der Energiewende und dem Wunsch einiger Parteien und Umweltorganisationen entfernt.

Hier noch einmal zusammenfassend die Ergebnisse:

	Energiewende ab 2050 Mrd. KWh/a	Maximum alternativer Energien Mrd. KWh/a
– Wind + Solar genutzt	44	114,5
– Wind + Solar Verlust	(44)	(114,5)
– Gas als Puffer	44	114,5
– »Sonstige«	71	71
– Andere fossile Brennstoffe	141	–
Summe	300	300
– Anteil alternativer Energien mit »Sonstigen« (%)	38	62
– Anteil alternativer Energien nur über Wind und Solar (%)	15	38

Die einzigen steuerbaren Stromerzeugungsverfahren sind im gegebenen Fall neben der Verbrennung der fossilen Brennstoffe die Stromerzeugung über die »Sonstigen« (Biomasse etc.) sowie über Gas.

Diese Rechnungen belegen, dass für den Fall des höchstmöglichen Anteils der erneuerbaren Energien Wind, Solar und »Sonstige« an der Stromerzeugung von 62% der Rest – nämlich 38% des Stroms – über Gas beigestellt werden muss. Das bedeutet eine erschreckende Abhängigkeit von der Gaslieferung aus Russland.

Nicht zuletzt muss darauf verwiesen werden, dass durch die mögliche Stromerzeugung von nur 38% über alternative Energien nach dem Plan der »Energiewende 2050« der CO_2-Gehalt in der Atmosphäre nicht um 0,000008% abgesenkt werden kann (vgl. Kapitel 3.4), sondern nur um 0,000004%. Erst die Anhebung der alternativen Energien auf das mögliche Maximum erlaubt einen CO_2-Abbau von 0,000008%.

Neuberechnung der Investitionskosten für den höchstmöglichen prozentualen Stromanteil über alternative Energien (62%)

Die Anzahl der zu bauenden Wind– und Solaranlagen (Anlage 2) muss nun um den Faktor 229 : 88 (maximale Stromerzeugung über die alternativen Energien Wind und Solar dividiert durch die Stromerzeugung über die alternativen Energien Wind und Solar nach dem Plan der »Energiewende 2050«) angehoben werden, um den Anteil der erneuerbaren Energien auf 62% anheben zu können. Es müssen dann jährlich nicht mehr 15,2 Mrd. €/a (Anlage 3) aufgebracht werden sondern 40 Mrd. €/a. Da sich die Kostenelemente linear proportional verändern, bleiben die spezifischen Kosten unverändert.

Die in der Anlage 4 für die Fahrweise mit dem höchstmöglichen Anteil an alternativen Energien errechneten Stromerzeugungskosten von 0,423 €/KWh bestimmen zu 76% die Gesamterzeugungskosten, da die Kosten für die »Sonstigen« nicht einbezogen sind, die jedoch kaum zu einer Verbilligung beitragen werden.

Berechnung der Mehrkosten durch die alternativen Stromerzeugungsverfahren Wind und Solar gemessen an der konventionellen Stromerzeugung

Da bei der Fahrweise mit dem höchstmöglichen Anteil an alternativen Energien die deutlich billiger erzeugenden fossilen Stromerzeugungsverfahren auf null zurückgehen, wird im Folgenden geprüft, wie sich die Kosten der alternativen Stromerzeugung über Wind und Solar und Gas als Puffer gegenüber den herkömmlichen Erzeugungsverfahren darstellen.

Aus der Gegenüberstellung der Herstellkosten Wind + Solar und Gas als Puffer mit der herkömmlichen Stromerzeugung ergeben sich nach Anlage 5 für eine Erzeugung von 62% Strom über alternative Energien folgende Mehrkosten:

– Stromerzeugung (Mrd. KWh/a)   300   410
– Mehrkosten Herstellung (Mrd. €/a)   86,7   128,5
– Mehrkosten je Haushalt bei
  40 Mio. Haushalten (€/Monat)   181   296

Der Fall mit 410 Mrd. KWh/a wurde für die Zeit nach 2050 mit einbezogen, da nach allen Prognosen nicht davon auszugehen ist, dass der Stromverbrauch auf 300 Mrd. KWh /a abgesenkt werden kann.

Natürlich geht in diese Kostenbetrachtung nicht mit ein, dass nach dem EEG ab 2050 Strom in einer Höhe von 100 Mrd. KWh/a aus alternativen Energien importiert werden soll, woher auch immer.

Fazit der Kostenrechnungen

Für einen marginalen CO_2-Abbau in der Atmosphäre durch die »Energiewende 2050« will Deutschland folgende Mehrbelastung basierend auf den Falschaussagen des IPCC zum Klima auf sich nehmen:

Mehrbelastung ohne »Abgaben« (wie z.B. MWSt) Mrd. €/a

– Hochrechnung der jetzigen Einspeisevergütungen
  auf 100% alternative Energien (eine theoretische
  Rechnung, eine gesicherte Stromversorgung wäre mit
  diesem Mix nicht möglich; Kapitel 8)
  Bezug 410 Mrd. KWh/a   57
                                              (2011: 14)
                                              (2012: 17)

- Rechnung mit EEG-Einspeisevergütung Wind
  (onshore : offshore = 1:1) ausschließlich über Wind
  und Gas (Puffer) als mögliche technische Lösung
  (Kapitel 10.1)

          Bezug 300 Mrd. KWh/a   31

          Bezug 410 Mrd. KWh/a   43

- Kostenrechnung Wind, Solar bezogen auf
  62% Strom über Wind, Solar, »Sonstige«
  sowie Gas als Puffer (CO_2-Absenkung 0,000008%)
  (Kapitel 10.2)

          Bezug 300 Mrd. KWh/a   87

          Bezug 410 Mrd. KWh/a   129

In dieser Ausarbeitung wurde der Versuch unternommen, basierend auf dem jetzigen Kenntnisstand eine Kostenabschätzung dieser Energiewende bis zum Jahr 2050, insbesondere darüber hinaus, vorzunehmen. Auch wenn ein solcher Versuch stets mit gewissen Unsicherheiten behaftet ist, so lässt sich dennoch erkennen, dass das Unternehmen »Energiewende« zu unerträglichen Kosten führen wird.

Bei genauer Betrachtung der Kostenelemente für die Stromherstellung über Wind und Solar fällt auf, dass die Herstellkosten nicht so sehr von den Invest- und Betriebskosten der Anlagen bestimmt werden (deren Halbierung an der generellen Aussage dieser Ausarbeitung nichts ändert, ebenso wenig wie der Ansatz einer höheren Nutzungszeit), sondern gegenüber den herkömmlichen Stromerzeugungsverfahren hoffnungslose Nachteile aufweisen wie technische Lebensdauer von nur 20 Jahren, das volatile Verhalten und die damit verknüpften Stromverluste, da der Überschussstrom nicht genutzt werden kann, die parallele Bereitstellung von konventionellen Kraftwerken im Verhältnis 1:1 und die damit verknüpften Investkosten und deren unrentable Betriebsweise (Fahrweise als Puffer).

Selbst wenn der Überschussstrom genutzt werden könnte, ist die Stromerzeugung über Wind und Solar nicht bezahlbar, wie aus der Kostenrechnung abzuschätzen ist.

Hinzu kommt, dass die im EEG festgelegte Stromerzeugung über alternative Stromerzeugung von 80% durch das volatile Verhalten der Stromerzeuger Wind und Solar nicht erreicht werden kann, sondern nur

38 %. Die höchstmögliche Stromerzeugung über die alternativen Verfahren kann nicht über 62 % hinausgehen, der Rest muss über Gas beigestellt werden, was eine erschreckende Abhängigkeit von der Gasversorgung von Russland bedeutet.

In der jetzigen Übergangsphase 2010–2050 erkennt die Bundesregierung allmählich, welche Kostenlawine alleine durch die Einspeisevergütung auf die Stromkunden zukommt. Würde sie über diese Übergangsphase 2010–2050 hinausschauen und die unerträglichen Kosten nach 2050 zur Kenntnis nehmen, würde sie dieses für Deutschland unwürdige Unternehmen »Energiewende« sofort beenden.

Alle Parteien sind hier einem politischen Opportunismus erlegen, ausgelöst durch apokalyptische Falschaussagen des IPCC zum Einfluss von CO_2 auf das Klima, was die nach Schlagzeilen hechelnden Medien in unverantwortlicher Weise hochgespielt haben mit dem Ergebnis, dass die Deutschen wie die Lemminge in diese Energiewende hineingerannt sind.

Die einzig richtige Vorgehensweise zur Festlegung einer Energiewende hätte sein müssen, zunächst Lösungen für die Nutzung des Überschussstroms zu entwickeln bei gleichzeitiger Optimierung der Wind- und Solaranlagen, um dann zu prüfen, mit welchen Stromkosten bei der Umstellung auf alternative Energien zu rechnen ist. (Laut einer Studie der Internationalen Energieagentur hat Deutschland in 2011 lediglich 243 Mio. Euro für Erforschung und Entwicklung der erneuerbaren Energien ausgegeben.) In unverantwortlicher Weise ist man den umgekehrten Weg gegangen. Aus den Kostenrechnungen hätte man leicht ersehen können, dass selbst bei einer Nutzung des Überschussstroms das Vorhaben »Energiewende« nicht tragfähig ist.

Die Verteuerung des Stroms in Deutschland birgt die Gefahr einer Deindustrialisierung in sich, insbesondere bei den energieintensiven Industrien wie Chemie, Aluminium, Eisen und Stahl, Nichteisenmetalle, Papier, Zement und Glas. Diese Industrien sind mit 26 % an der Bruttowertschöpfung beteiligt. Sie werden durch den Emissionshandel zusätzlich belastet. Durch die überzogenen Ziele bei Wind- und Solarstrom kommen zu teure, global nicht wettbewerbsfähige Energiepreise hinzu.

Dies führt zu einem leisen Abschied der Industrie aus Deutschland: ThyssenKrupp verkauft die Edelstahlsparte an das finnische Unternehmen Outokumpu, Aluminiumhütten werden stillgelegt etc.

Noch liegt die Bruttowertschöpfung dieser Energien bei 26% (Frankreich und England liegen unter der Hälfte dieses Werts). All diese Industrien haben in den letzten 10–20 Jahren Dienstleistungen an externe Unternehmen ausgegliedert, die zusammengenommen noch einmal 10% betragen. In Wahrheit beträgt also der industrielle Wertschöpfungsanteil 36%, also ein Drittel unserer Volkswirtschaft. Die Bedeutung dieser Wertschöpfung kann man dadurch erkennen, wie schnell die Industrie in unserem Land die Krise des Jahres 2009 überwunden hat.[55]

Anfang Juli 2011 erschien im »Daily Mirror« in London ein Artikel mit der Überschrift : »A quarter of Brits are living in fuel poverty as energy bills rocket«. Das dürfen wir in Deutschland nicht zulassen.

Natürlich müssen Alternativen zu den konventionellen Stromerzeugungsverfahren erarbeitet werden (z.B. Kernfusion), aber dies muss bei den noch reichlich zur Verfügung stehenden Energievorräten mit Augenmaß und ohne Hysterie erfolgen.

10.3 Flächenbedarf für die Windkraft- und Solaranlagen sowie Biomasse nach dem Plan der »Energiewende 2050«

Im Folgenden wird nun gemäß des Plans der Energiewende bis 2050 der Flächenbedarf für die Windkraftanlagen, die Solarmodule sowie die »Sonstigen« errechnet.

Die Windräder müssen in der Hauptwindrichtung einen Abstand von mindestens dem Fünffachen und im rechten Winkel dazu einen Abstand von mindestens des Dreifachen des Rotordurchmessers haben.[56]

Andere Verfasser (Internet) errechnen die Fläche für die Windkraftanlagen nach

$F = 8d \times 4d = 32d^2$ (d = Rotordurchmesser).

Das entspricht bei einem Rotordurchmesser von 100 m 0,32 km².

Fritz Vahrenholt setzt bei seinen Berechnungen für große WKA 0,83 km² an.[57]

In der folgenden Flächenberechnung wird von 0,50 km² ausgegangen. Bei den Solaranlagen ist unter der Annahme der Sonneneinstrahlung in Bayern von einer erforderlichen Fläche von 36,9 km² je GW Ist-Leistung auszugehen.[58]

Andere Verfasser geben je installierter KW eine Fläche von 10 m² an, entsprechend 10 km²/GW Nennleistung.⁵⁹ Das entspricht einer Fläche von 100 km²/GW Istleistung.

In der Anlage 3 (S. 111) ist bei der Berechnung der Anzahl der Windanlagen wie der Solarkapazität in GW eine technische Lebensdauer von 20 Jahren berücksichtigt, d. h., dass z.B. die Anlagen, die in 2010 gebaut wurden, in 2030 erneuert werden müssten usw.

So kommt man 2050 bei einer in diesem Jahr zu erbringenden Installation von 79 GW auf insgesamt zu erneuernde Anlagen von 34 200 WKA, bei der Solarenergie bei einer in 2050 zur Verfügung zu stellenden Installation von 65 GW auf zu erneuernde Anlagen von 146 GW. (Dabei ist noch nicht berücksichtigt, dass in 2050 zwar 80% erneuerbare Energien installiert werden sollen, dass aber nur 38% des Stroms über alternative Stromerzeuger produziert werden, über Wind und Solar sogar nur 15%).

Es ist sicherlich nicht wahrscheinlich, dass die zu erneuernden Anlagen stets an der Stelle erneut aufgebaut werden, wo die zu verschrottenden Anlagen stehen.

Bei der Berechnung der erforderlichen Flächen wird aber davon ausgegangen:

Wind:	34200 WKA mit	17 100 km²
Solar:	65 GW mit	6 500 km²
		23 600 km²

Das entspricht etwa 2/3 der Fläche von Nordrhein-Westfalen. Bei dieser Aussage ist natürlich nicht berücksichtigt, dass naturgemäß nur eine begrenzte Fläche für Windkraftanlagen und Solaranlagen zur Verfügung steht.

Die Grünen streben bis 2030 100% erneuerbare Energien an, ebenso wie diverse Umweltverbände. Dass dies eine ökologische Wunschvorstellung ist, wurde bereits erwähnt.

Um nun den höchstmöglichen Anteil an alternativen Energien von 62% ab 2050 einzustellen, müssen die Wind- und Solaranlagen um den Faktor 229 : 88 (vgl. Kapitel 10.2) aufgestockt werden.

Dadurch erhöht sich der Flächenbedarf von 23 600 auf 61 410 km². Das entspricht etwa zwei Mal der Fläche von Nordrhein-Westfalen. Berücksichtigt wird dabei nicht, dass für die Wind- und Solaranlagen nur eine begrenzte Fläche zur Verfügung gestellt werden kann, ganz zu schweigen von der Wahrscheinlichkeit, dass der Stromverbrauch bis 2050 nicht halbiert werden kann.

Die erforderliche Fläche auf Land entspannt sich wenig, wenn für 45-GW Offshore-Windanlagen in der Nordsee gebaut werden sollen, wie es das UBA verlangt.

Geht man von 5-MV-Anlagen aus, so sind 45 000 : 5 = 9000 WKA erforderlich, die eine Fläche von 9000 x 0,5 = 4500 km² beanspruchen.

Zieht man von der Nordsee das Wattenmeer, die für Naturschutz, Schifffahrtswege und andere Nutzungen benötigten Flächen ab, bleiben 3 500 km².[60]

Gemessen an der erforderlichen Fläche von 61 410 km² für die Wind– und Solaranlagen insgesamt, um den maximal möglichen Anteil an alternativen Energien von 62% einzustellen, ist die Entspannung über die Nordsee damit als marginal zu bezeichnen.

Nach dem Plan der »Energiewende 2050« soll der Anteil der »Sonstigen« von zurzeit etwa 10 GW auf 20 GW angehoben werden. Das entspräche einer Fläche von etwa 40 000 km² (vgl. Kapitel 7.3).

Zusammengenommen wäre für die Erzeugung des Stroms über die alternativen Energien nach dem Plan der »Energiewende 2050« ab 2050 eine Fläche von etwa 100 000 km² erforderlich, etwa 28% der Fläche Deutschlands.

Nachbetrachtung

11 Fusionsreaktor

In Kernkraftwerken wird Energie durch Spaltung von Atomkernen gewonnen. Bei der Kernfusion ist es genau umgekehrt: Denn auch die Verschmelzung von Atomen setzt Energie frei. Weltweit versuchen Forscher, dies großtechnisch nutzbar zu machen, um Strom zu gewinnen.

Die Energie der Sonne entsteht durch Fusion von Wasserstoffkernen, das Element Helium. Dabei geht Masse verloren, die in Energie umgewandelt wird.

Diese Reaktionen auf der Sonne laufen bei Temperaturen im Sonneninneren von 10–15 Mio. Grad und bei unvorstellbar hohem Druck ab.

Diese energieliefernden Reaktionen wollen Forscher in irdischen Kraftwerken zur Stromerzeugung nutzen. Bei den Brennstoffen – in Reaktoren nutzt man die Wasserstoffisotope Deuterium und Tritium – droht keine Verknappung.

Ein Gramm einer Deuterium-Tritium-Mischung enthält so viel Energie wie 11 t Kohle.

Da man einen Druck wie im Sonneninneren nicht erzeugen kann, bleibt den Physikern nur, die Temperatur auf mehr als 100 Mio. Grad anzuheben.

Rund um den Erdball wird in rund einem Dutzend Versuchsanlagen an der Kernfusion gearbeitet. In England gelang 1991 erstmals für zwei Sekunden eine kontrollierte Kernfusion mit einer Leistung von 1,8 MW. 1997 erreichte man 16 MW, allerdings mit negativer Energiebilanz. 24 MW verbrauchte die Energie der Plasmaheizung.

Eine positive Energiebilanz soll erstmals ITER (lateinisch »der Weg«) herstellen. In der 500-MW-Anlage in der Nähe von Cadarache (Frankreich) soll zehnmal mehr Energie erzeugt werden, als die Plasmaheizung braucht.

Außer der EU sind sechs Nationen beteiligt. Aber es hakt (anders als bei anderen multinationalen Projekten wie CERN), weil jede Nation an wichtigen Bauteilen mitwerkeln möchte, um sich für spätere Zeiten Wissen zu sichern. 2019 soll ITER anfahren.

Reibungsloser läuft ein anderes Neubauprojekt unter Leitung des Max-Planck-Instituts für Plasmaphysik – Wendelstein 7-X in Greifswald, das nach einer anderen Konstruktion arbeitet.

Im Gegensatz zu Kernkraftwerken erzeugen Fusionsreaktoren nur geringe Mengen an Atommüll. Als Verbrennungsasche entsteht harmloses Helium.

In Deutschland werden immer wieder Zweifel am Sinn der Fusionsforschung laut. Sollten Fusionskraftwerke einmal zu verwirklichen sein, so eines der Hauptargumente in Deutschland, dann gebe es dafür keinen Bedarf mehr, sollte die Stromversorgung bis 2050 tatsächlich auf erneuerbaren Energien ruhen. Denn wirtschaftlichen Sinn ergibt ein Fusionskraftwerk erst jenseits von 1000 MW Leistung. Ob das funktioniert, wird man erst in etwa zehn Jahren abschätzen können.

Ein anderes Argument betrifft die Kosten: In ITER werden die beteiligten Nationen 10–15 Mrd. Euro investieren. Für Wendelstein X-7 laufen knapp 400 Mio. auf. Der Jahresetat des Max-Planck-Instituts für Plasmaphysik beläuft sich auf 150 Mio. Euro. Zu viel für einige, die das Geld bei den regenerativen Energien besser aufgehoben sehen. Eine außergewöhnlich kurzsichtige Betrachtungsweise angesichts der in den vorigen Kapiteln ausgewiesenen Mehrbelastung durch die regenerativen Energien.

12 Angst, Moral und Glaube als Machtmittel der Politik, der Medien, der Nichtregierungsorganisationen und der Kirche

Mit Angst lässt sich – wie man weiß – vorzüglich Politik machen, insbesondere in Deutschland. Angst hält sich nicht mit Fakten auf und lässt sich nicht mit Argumenten verjagen. Der Soziologe Niklas Luhmann spottet in seinem Buch »Ökologische Kommunikation«:
»Angst widersteht jeder Kritik der reinen Vernunft. Sie ist das Prinzip, das nicht versagt. Wer Angst hat, ist moralisch im Recht.«[61]

Der Philosoph Hermann Lübbe hat einmal darauf hingewiesen, welch mächtige Waffe die Moral in einer komplizierten Welt sei: »Moral ist ein Medium politischer Disqualifikation.« Der Moralische dürfe ungestraft auf seine Gegner eindreschen, denn Correctness-Wächter, so Lübbe, »wissen sich der gemeinsamen Verpflichtung zur Beachtung von Persönlichkeitsrechten enthoben.«

Die Moral spielt in umweltpolitischen Debatten eine so herausragende Rolle, weil Umweltprobleme große Gefühle auslösen (Eisbären, ölverschmierte Wasservögel etc.).

Hans Joachim Schellnhuber, Professor für Theoretische Physik an der Universität Potsdam und langjähriges Mitglied des IPCC, hält Vorträge auf der ganzen Welt, die er gerne mit Anekdoten aus seinem Leben würzt. Beispiele:

Die Ozeane seien dabei, sich in »Sprudelwasser zu verwandeln«. Den Tropen drohe der »Ökozid«. »Manchmal könnte ich schreien.« Er wurde Vater im hohen Alter und fragt: »Hat mein Sohn überhaupt eine Chance?«

Schellnhuber ist Vorsitzender des »Wissenschaftlichen Beirates der Bundesregierung Globale Umweltveränderung« (WBGU) und enger Berater von Angela Merkel.

Seine Mitarbeiter vom Potsdam Institut für Klimaforschungsfolgen (PIK) prognostizierten zur Rio +20- Konferenz in Copacabana, dass bis 2300 mit einem Anstieg der Meere um einige Meter zu rechnen sei, wenn die globale Erwärmung fortschreitet. Selbst wenn die globale Erwärmung auf 2 °C begrenzt wird, könnte der globale mittlere Meeresspiegel weiter ansteigen und bis 2300 1,5–4 Meter erreichen.

Zu den Zielen des WBGU sei noch bemerkt: »Das kohlenstoffbasierte Wirtschaftsmodell ist auch ein normativ unhaltbarer Zustand, denn es gefährdet die Stabilität des Klimasystems und damit die Existenzgrundlagen künftiger Generationen. Die Transformation zur Klimaverträglichkeit ist daher moralisch ebenso geboten wie die Abschaffung der Sklaverei und der Kinderarbeit ...«

Die Umsetzung dieser Ziele bedeutet die komplette Deindustralisierung Deutschlands mit all ihren gesellschaftlichen Folgen.

Am 13. Dezember 2009 läuteten um 15 Uhr mitteleuropäischer Zeit auf der ganzen Welt die Kirchenglocken. Es bimmelte bei den Katholiken, den Evangelischen, bei den Anglikanern und den Griechisch-Orthodoxen. Die Christenheit vereinte sich im Kampf gegen das Höllenfeuer auf Erden, den Treibhauseffekt.

Der 2008 verstorbene Schriftsteller Michael Crichton sagte: »Eine der einflussreichsten Religionen der westlichen Welt ist heute der Ökologismus, die bevorzugte Religion urbaner Atheisten.«

Der Kommunikationsforscher und Philosoph Norbert Bolz sagte: »Geht man von einer atheistischen Grundhaltung der modernen Gesellschaft aus, glaube ich, dass eine Gesellschaft ohne eine Religion nicht funktionieren kann. Wenn also die traditionellen, sprich christlichen Religionen, die Menschen nicht mehr ansprechen, suchen sie Ersatzreligionen. Und die mächtigste der gegenwärtigen Ersatzreligionen ist mit Sicherheit die grüne Bewegung, das Umweltbewusstsein.«

Während die politischen Parteien, die Gewerkschaften und die Kirchen seit Jahren an Rückhalt verlieren, legen die Nichtregierungsorganisationen wie z.B. BUND, NABU, Greenpeace etc. unterm Strich zu. Seit der Wiedervereinigung stieg die Zahl ihrer Mitglieder zusammen um 60%; das untermauert ihren Einfluss.

Auch der Club of Rome ist diesen Nichtregierungsorganisationen zuzuordnen. Seine neueste Vorausschau bis ins Jahr 2052 schwelgt in Angstszenarien. Hauptautor Jørgen Randers, norwegischer Betriebswirt und Zukunftsforscher, war schon am ersten gescheiterten Bericht 1972 beteiligt.

Neu ist der Klimahitzekollaps. Der Club glänzt mit einer besonders schlimmen, pseudo-genauen Prognose zu Temperatur (2 °C Erhöhung bis 2050) und zum Meeresspiegelanstieg (um 50 cm). Immerhin bringen Horrorszenarien – wie bei allen Nichtregierungsorganisationen – öffentliche Aufmerksamkeit und politischen Einfluss sowie mehr Spenden und Subventionen für die Klimarettungsindustrie.

Bei der Beschreibung von Angstszenarien darf natürlich der WWF nicht fehlen. In seinem »Living Planet Report 2012« heißt es sinngemäß: In 18 Jahren benötigt die Menschheit eine zweite Erde, wenn sie weiterhin über ihre Verhältnisse lebt und anderthalb Mal so viele Ressourcen verbraucht, wie die Erde im selben Zeitraum bereitstellen kann. 2050 wären es schon drei Erden. Auf Deutschland bezogen: Unser Lebensstil beansprucht 2,5 Planeten.

Es fällt auf, dass Journalisten, die über Umweltthemen berichten, sich nicht selten selbst als Teil der Bewegung verstehen. So ergab eine Studie, dass 26,9 % der Politikjournalisten in Deutschland den Grünen nahestehen, 15,5 % der SPD, 9 % der CDU/CSU, 7,4 % der FDP und 4,2 % der Linkspartei. 37 % sahen sich als neutral an.

So überrascht es nicht, dass zwischen Umweltpolitikern, Umweltverbänden und einigen Umweltjournalisten ein enges, oft freundschaftliches Verhältnis besteht. Die Berichterstattung zur Umweltpolitik ist weniger kontrovers als in anderen Ressorts.

Kritik in Sachen Umweltpolitik wird nicht geduldet. Schnell ist die Rede von Nestbeschmutzung.

Karl-Heinz Paqué, Ex-Landesfinanzminister in Sachsen-Anhalt und heute Wirtschaftsprofessor in Magdeburg, sagt: »Wer sich öffentlich gegen die derzeitige Klimapolitik stellt, begeht politischen Selbstmord.«

Insbesondere die Medien tragen die Verantwortung für diese Entwicklung.

Medien sind ohnehin nicht so sehr an der Wahrheit interessiert, sondern an skandalisierenden, Angst einflößenden Geschichten, um ihre Auflagen und Einschaltquoten zu erhöhen. So kommt in den sicherlich schwierigen Klimafragen neben der Sensationsgier der Medien die Ungebildetheit der Journalisten hinzu. Daher verwandeln sie hypothetische Aussagen von Klimatologen nicht selten ohne Skrupel in Gewissheiten um.

Für den Bürger ist es unendlich schwer geworden, die Wahrheit zu erfahren, auch bei der Befragung von Experten, da diese in der Regel von der einen oder anderen Seite bezahlt werden.

Im Falle der Klimaberichterstattung hatten die Medien ein besonders leichtes Spiel, konnten sie doch durch die apokalyptischen Aussagen des IPCC die Ur-Ängste der Menschen ansprechen (Sintflut) und ihnen Negativbilder ins Gedächtnis einbrennen. Damit verfolgten sie nicht nur ihr Eigeninteresse, sondern machten sich zum Diener der Propaganda fragwürdiger Umweltorganisationen und Klima-Aktivisten, denen reichlich Geld zufließt, weil sie scheinbar ganz uneigennützig den Kampf gegen das angeblich vor der Tür stehende Klimadesaster aufgenommen haben.

So wurde das Klimageschehen Teil der »Political Correctness«, jede kritische Stimme zu diesem Thema umgehend stigmatisiert: »Klimaleugner«, »Klimaketzer« etc.

Wenn eine CDU-Abgeordnete eine Diskussionsrunde mit einem US-amerikanischen wissenschaftlichen Kritiker des Klima-Alarmismus abhält, geht ein Aufschrei durch die Oppositionsparteien, erfolgen parlamentarische Anfragen, als hätte die Abgeordnete einen Drogendealer zum Gespräch über die Heroinfreigabe geladen. Es kommt außerdem der Vorwurf gegen jenen Wissenschaftler, er sei von der Ölindustrie bezahlt.

Es ist bedrückend und für unsere Demokratie gefährlich, wenn viele Personen des öffentlichen Lebens in privaten Gesprächen ihre Empörung über die einseitige Debatte bekunden, öffentlich jedoch schweigen. Es erinnert an das Mittelalter, als Andersdenkende auf dem Scheiterhaufen landeten. Man kann auch sagen: Die »Klimakatastrophe« ist ein moderner, revitalisierter Ablasshandel einer neuen Ideologie (oder Religion).

Diese Ideologie wird wohl so schnell nicht aussterben, denn der Begriff CO_2 ist zu attraktiv. CO_2-Artikel sind der Schlager der Jetztzeit. In Illustrierten und verwandten Werbemedien kann man feststellen, wer mit seinen CO_2-Qualitäten wirbt.

Das Fataleste an dieser Misere ist, dass die Politiker ausschließlich auf die Sicht der Bevölkerung schielen, ohne an einer objektiven Aufarbeitung des Problems interessiert zu sein.

Die rund 14 Mrd. Euro für den Ökostrom (EEG 2011) entsprechen dem Bildungs- und Forschungsetat, ganz zu schweigen von den vielen Mrd., die im Rahmen der Energiewende auf Deutschland zukommen.

13 Schlussbemerkung

In dieser Ausarbeitung wird der Versuch unternommen, bei dem jetzigen Kenntnisstand zu den alternativen Stromerzeugungsverfahren Wind und Solar eine Kostenabschätzung für die Zeit nach 2050 vorzunehmen. Dazu werden die niedrigsten Preisansätze für die Investitionskosten angesetzt, um der Tatsache Rechnung zu tragen, dass noch ein gewisser Lerneffekt bei der Herstellung und dem Betrieb der Anlagen möglich ist.

Bei genauer Betrachtung der Kostenelemente fällt jedoch auf, dass die Erzeugungskosten der Stromherstellung über Wind und Solar nicht so sehr von den Investitionskosten bestimmt werden, sondern durch ihre gegenüber der herkömmlichen Stromerzeugung hoffnungslosen Nachteile wie

a) Haltbarkeiten von nur 20 Jahren,
b) das volatile Verhalten und die damit verknüpften Stromverluste von 50%, da für die Nutzung des Überschussstroms kein wirtschaftliches Verfahren in Sicht ist,
c) die Bereitstellung von herkömmlichen Kraftwerken im Verhältnis 1:1 als Puffer und die damit verknüpften zusätzlichen Investitionskosten,
d) die Standby-Fahrweise der herkömmlichen Kraftwerke und die damit verknüpften Mehrkosten in Größenordnungen, die einen Betrieb unwirtschaftlich machen.

Zurzeit erkennt die Bundesregierung langsam, welche Kostenlawine alleine durch die Einspeisevergütungen auf die Stromkunden zukommt. Würde sie über diese Übergangsphase 2010 bis 2050 hinausdenken, würde sie dieses für Deutschland unwürdige Unternehmen »Energiewende« sofort beenden.

Hinzu kommt, dass die im Energiekonzept 2050 festgelegten Stromerzeugungsmengen nach den verschiedenen Erzeugungsverfahren aus den o. g. Gründen überhaupt nicht in der Lage sind, 80% Strom über alternative Energien zu erzeugen. Es sollen zwar alternative Energien für eine Erzeugung von 80% Strom installiert werden, die aber nur 38 % Strom alternativ erzeugen können. Die maximal mögliche alternative Stromerzeugung kann über 62 % nicht hinausgehen, womit 38% des Stroms über

Gas beigestellt werden müssen mit all den damit verknüpften Nachteilen durch die Abhängigkeit der Gasversorgung von Russland.

Nicht zuletzt ist darauf zu verweisen, dass durch all diese Mrd.schweren Ausgaben der CO_2-Gehalt in der Atmosphäre bei einem Ausgangsgehalt von 0,038 % nur um magere 0,000008 % abgesenkt werden kann, ein absurdes Unterfangen.

Deutschlands Idealisten waren stets zutiefst davon überzeugt, dass die Welt am deutschen Wesen genesen soll. Das Land musste unter den Auswüchsen von Patriotismus und Sozialismus leiden, und nun leidet es unter den Auswüchsen des grünen Idealismus. Immer liegen nur wir richtig und alle anderen falsch.

Der grüne Starrsinn kostet – wie aufgezeigt – irrsinnig viel Geld.

Die deutsche Angstpolitik ist nun Wirklichkeit. Für eine Hoffnung auf eine Rückkehr zu einer realistischen Politik besteht zunächst keine Chance. Erst nachdem massive Schäden – vor allem in finanzieller Hinsicht – eingetreten sind, die sich politisch auszuwirken beginnen, oder durch klimatische Veränderungen könnte es zu einer Rückbesinnung kommen.

Dass sich ein führendes Industrieland ohne real existierende Probleme nur aus Angst selbst wirtschaftlich ruiniert, ist in der Geschichte einzigartig.

Da geringe Energiekosten einer der ausschlaggebenden Faktoren für eine langfristig erfolgreiche Wirtschaft sind, begibt sich Deutschland auf den Weg in die Deindustrialisierung mit allen damit verbundenen gesellschaftlichen Folgen.

Eine Betrachtung der gegenwärtigen Energiepreise in Europa zeigt, dass Deutschland beim Haushaltsstrom hinter Dänemark bereits jetzt an zweiter Stelle steht, beim Industriestrom an erster, und dies am Beginn der Energiewende.[62]

Bei dieser Ausgangslage ist es geradezu absurd, wenn Hans Joachim Schellnhuber in einem Interview sagt:

»Bei der Energiewende weg vom konventionellen System etwa müssen ein paar Staaten sich zur konsequenten Dekarbonisierung bekennen. So wie Dänemark jetzt beschlossen hat, in vier Jahren komplett auf die kohlenstoffbasierte Energiegewinnung zu verzichten.«

Die Konsequenz der zunehmenden Strompreise ist die Schließung oder Verlagerung von energieintensiven Unternehmen aus Deutschland.

Dieser Klimawahn lässt die Stromverbraucher verarmen, nicht nur in Deutschland. Auch in England leben inzwischen 12 Mio. Menschen in Energiearmut. Nicht so in den USA. Während das Protokoll von Kyoto in anderen Ländern pflichtbewusst ratifiziert wurde, hat der US-Senat die Ratifizierung abgelehnt. So können sich die amerikanischen Haushalte auf zurückgehende Kosten freuen, nicht zuletzt durch die unbegrenzten Mengen billigen Erdgases und Öles durch Fracking, auch auf unbegrenzte Kohlevorräte.

Es ist erstaunlich, wie gerade die Grünen und die vielen Umweltorganisationen mit den Erkenntnissen der Wissenschaftler umgehen, dass jährlich pro Windanlage 50 Vögel zum Opfer fallen. Das sind bei 23 000 Windrädern im Binnenland 1,15 Mio. tote Vögel im Jahr. Bei offshore wird das Vogelmassaker noch größere Ausmaße haben – so die Forscher.

Der Abgeordnete Arnold Vaatz (CDU) sagt, dass es nicht ein Mangel an naturwissenschaftlicher, mathematischer, technologischer oder volkswirtschaftlicher Sachkenntnis sei, der uns in die energiepolitische Sackgasse geführt habe. Es sei ein erbarmungsloser Konformitätsdruck, der von einer post-religiösen Gesellschaft ausgehe, die ihren arbeitslos gewordenen religiösen Sensus ausleben wolle. Die Strafe für Widerspruch sei heute allerdings (zum Glück noch nicht!) Haft oder Liquidation, sondern nur die Verbannung aus der medialen Relevanzzone.

Nur so kann man sich erklären, dass gegen jede Rationalität Deutschland das gesamte System der Stromerzeugung doppelt errichten will: riesige Investitionen in unzuverlässige und teure Wind- und Solarstromanlagen – und dann noch einmal die gleiche Investition in teilweise stillstehende Kohle– und Gaskraftwerke sowie in den Neubau solcher Anlagen, da die Grundlastkraftwerke (Kern- und Braunkohleenergie) nicht mehr eingesetzt werden sollen. Hinzu kommt ein enormer Ausbau der Übertragungs- und der Verteilungsnetze sowie teure Stromspeicher, soweit sie überhaupt gebaut werden können, ganz zu schweigen von dem Ärger mit den Nachbarländern.

Getoppt wird dies noch dadurch, dass es im föderalen Deutschland nun auch noch 16 Energiewenden gibt.

Mehrere Länder – vor allem die wenig industrialisierten – streben schon 2020 eine Versorgung mit 100% aus erneuerbaren Energien an, Schleswig-Holstein schon in drei Jahren. Ende des Jahrzehnts soll im Norden rechnerisch das 3- bis 4-Fache des eigenen Strombedarfs produziert werden. Auch Rheinland-Pfalz, Thüringen und Brandenburg wollen sich schon bis 2030 zu 100% aus Ökostrom versorgen. Andere – wie Hessen oder Baden-Württemberg – erst 20 Jahre später.

Addiert man ihre Ausbaupläne, so ergibt sich für 2020 ein Ökostromanteil von 55%. Das ist mehr als das Anderthalbfache dessen, was die Bundesregierung plant. Offensichtlich haben diese Länder immer noch nicht begriffen, dass die volatilen Energieträger Wind und Sonne nicht immer verfügbar sind und dass dadurch kein einziges konventionelles Kraftwerk stillgesetzt werden kann, denn ausreichende Stromspeicher gibt es nicht und kann es nicht geben.

Getoppt wird das Ganze noch einmal durch den grünen NRW-Minister für Klimaschutz, Umwelt, Landwirtschaft, Natur– und Verbraucherschutz Johannes Remmel. Braunkohle ist für ihn das Feindbild Nr. 1. Er propagiert den »fortgeschrittenen Klimaschutz« und die »ökologische industrielle Revolution« als Instrument für neue Arbeitsplätze. Er will den stetigen Übergang von einer CO_2-intensiven zur CO_2-freien Stromerzeugung.

Nicht zuletzt ausgerechnet die Empfehlung des sogenannten Ethikrates und ihre Umsetzung in der Politik machen Energie in Deutschland zu einem Luxusgut. Die Ärmsten spüren es schon, aber sie haben keine Lobby.

Wie sagte schon Horaz vor 2000 Jahren: »Sapere aude!« (Wage zu verstehen, deinen Verstand zu gebrauchen).

Im religiösen Mittelalter wurde dieser Verantwortung nicht nachgekommen. Hexen wurden für klimatische Veränderungen verantwortlich gemacht und verbrannt.

In der dann folgenden Aufklärung übersetzte Immanuel Kant das »Sapere aude« mit »Habe den Mut, dich deines eigenen Verstandes zu bedienen«.

Bei der geistigen Schaffung und Austragung dieser Energiewende zur Vermeidung einer vermeintlichen Klimaänderung wird die Anwendung dieses eigenen Verstandes außer Kraft gesetzt.

Es werden heutzutage zwar keine Menschen mehr verbrannt, aber die Armen werden durch Strompreiserhöhung durch die Abklemmung vom Strom in unverantwortlicher Weise ausgegrenzt.

Schlimmeres wird folgen, wenn wir nicht möchten, dass »The German Energiewende« wie »Angst«, »Schadenfreude«, »Blitzkrieg« etc. in den angelsächsischen Sprachgebrauch aufgenommen wird

Anhang

Endnoten

1. Bachmann, Hartmut: Die Lüge der Klimakatastrophe … und wie der Staat uns damit ausbeutet. Manipulierte Angst als Mittel zur Macht, Frieling-Verlag, Berlin 2010.
2. IPCC-Bericht 2001, ergänzt; Zeitschrift »Mitwissen – Mittun«
3. Vgl. Behringer, Wolfgang: Kulturgeschichte des Klimas. Von der Eiszeit bis zur globalen Erwärmung, dtv, München 2011.
4. Vgl. Vahrenholt, Fritz / Lühning, Sebastian: Die kalte Sonne. Warum die Klimakatastrophe nicht stattfindet, Hoffmann und Campe, Hamburg.
5. Ebd.
6. Vgl. Beppler, Erhard: www.erhardbeppler.de
7. Vgl. Vahrenholt / Lühning, Die kalte Sonne.
8. Vgl. Behringer, Kulturgeschichte des Klimas; Buchner, Nobert / Buchner, Elmar: Klima und Kulturen. Die Geschichte von Paradies und Sintflut, BAG-Verlag, Weinstadt 2005.
9. Vgl. Beppler, Erhard: www.erhardbeppler.de
10. Ewert, Friedrich-Karl: EIKE-Klima- und Energiekonferenz in München, 25.–26.11.2012.
11. Vgl. Olsen, Harry G.: Handbuch der Klimalügen. Eine Dokumentation nachhaltiger Lügen zur Rettung der Welt, verbreitet durch das Kartell der Klimaforscher und ihre einfache Widerlegung durch die Wirklichkeit, Tvr Medienverlag, Jena 2010.
12. Vgl. Beppler, Erhard: www.erhardbeppler.de
13. Ebd.
14. Vgl. Thieme, Heinz: http://real-planet.eu/wspeicher.htm
15. Hug, Helmut: Der CO_2-Effekt oder die Spur einer Spur. In: Chemische Rundschau Nr. 15 / 2002. V
16. Vgl. Ewert, EIKE-Klima- und Energiekonferenz.
17. Vgl. http://www.schmanck.de/hug.htm; Cubasch, Ulrich: Physikalische Blätter 51 (1995), S.269.
18. Kirstein, Werner: Vortrag in Leipzig, 18.06.2013
19. Vgl. http://wattsupwiththat.com
20. Vgl. Vahrenholt / Lühning, Die kalte Sonne.
21. Vgl. Ewert, EIKE-Klima- und Energiekonferenz.
22. Ebd.
23. Vgl. Neubacher, Alexander: Ökofummel. Wie wir versuchen, die Welt zu

retten – und was wir damit anrichten, Deutsche Verlags-Anstalt, Frankfurt 2012.
24 Vgl. Sinn, Hans-Werner: Das grüne Paradoxon. Plädoyer für eine illusionsfreie Klimapolitik, Ullstein, Berlin 2012
25 Vgl. Wikipedia: Lastprofil: http://de.wikipedia.org/wiki/Lastprofil
26 Vgl. Wikipedia: Kernkraftwerk THTR-300: http://de.wikipedia.org/wiki/Kernkraftwerk_THTR-300
27 Vgl. Sinn, Das grüne Paradoxon.
28 Vgl. Kipp, Rudolf: EIKE-Mitteilung, 03.07.2012.
29 Vgl. Wikipedia: Windkraftanlage: https://de.wikipedia.org/wiki/Windkraftanlage
30 Vgl. www.wattenrat.de/2010/09/fritz-vahrenholt-rwe-sorgt-sich-um-seetaucher/
31 Vgl. Pressemitteilung: Die Windräder drehen sich. In: Frankfurter Rundschau, 22.04.2010.
32 Königsfelder Räte stimmen für Windräder. InFranken.de, 11.02.2011.
33 EIKE, 30.10.2011.
34 Tremel, M.: EIKE, 21.06.2011
35 Deutsche Physikalische Gesellschaft: Elektrizität: Schlüssel zu einem nachhaltigen und klimaverträglichen Energiesystem, Bad Honnef 2010.
36 FAZ vom 2.5.2012.
37 Alt, H.: „Energiekonzept mit kurzer Brücke zu witterungsabhängigen, hohen Strompreisen". KTG Jahrestagung in Stuttgart, 22.–24.05.2012.
38 Ebd.
39 Ebd.
40 Vgl. Fraunhofer ISE: Studie Stromsteuerungskosten erneuerbare Energien, Mai 2012.
41 Vgl. Alt, Energiekonzept mit kurzer Brücke, a.a.O.
42 Ebd.
43 Vgl. Fraunhofer ISE, Studie Stromsteuerungskosten, a.a.O.
44 Vgl. Sinn, Das grüne Paradoxon, a.a.O.
45 Vgl. Ganteför, Gerd: Universität Konstanz, 29.11.2011.
46 Vgl. Krüger, Gustav: Die Energiewende. Wunsch und Wirklichkeit, Books on Demand GmbH, Norderstedt 2011.
47 Vgl. www.wattenrat.de/2010/09/fritz-vahrenholt-rwe-sorgt-sich-um-seetaucher/
48 Vgl. Öllerer, Klaus: Windenergie in der Grund-, Mittel- und Spitzenlast: www.oellerer.net
49 Vgl. Ganteför, Gerd: Uni Konstanz, 29.11.2011.
50 Vgl. www.IIa-bayreuth.de; www.rosolarwiki.de; Neumann, T. u. a.: Wilhelmshafen: DEWI, 2002.
51 Vgl. Fraunhofer ISE, Studie Stromsteuerungskosten, a.a.O.

52 Vgl. Öllerer, Klaus: www.oellerer.net
53 Vgl. Alt, Energiekonzept mit kurzer Brücke, a.a.O.
54 Vgl. ebd. sowie: Ganteför, Uni Konstanz, a.a.O.
55 Vgl. Ameling, Dieter: Name des Artikels. In: FAZ, 11.11.2011.
56 Vgl. Sinn, Das grüne Paradoxon, a.a.O.
57 Vgl. www.wattenrat.de/2010/09/fritz-vahrenholt-rwe-sorgt-sich-um-seetaucher
58 Persönliche Mitteilung von Joachim Hartmann.
59 Vgl. dazu u.a. Alt, Energiekonzept mit kurzer Brücke, a.a.O.
60 Vgl. www.wattenrat.de/2010/09/fritz-vahrenholt-rwe-sorgt-sich-um-seetaucher/
61 Vgl. Luhmann, Niklas: Ökologische Kommuniaktion: Kann die moderne Gesellschaft sich auf ökologische Gefährdungen einstellen?, VS Verlag für Sozialwissenschaften, Heidelberg 2008.
62 Alt, Energiekonzept mit kurzer Brücke, a.a.O.

Literaturverzeichnis

Alt, Helmut: »Energiekonzept mit kurzer Brücke zu witterungsabhängigen, hohen Strompreisen«. KTG Jahrestagung in Stuttgart, 22.–24.05.2012.

Bachmann, Hartmut: Die Lüge der Klimakatastrophe … und wie der Staat uns damit ausbeutet. Manipulierte Angst als Mittel zur Macht, Frieling-Verlag, Berlin 2010.

Behringer, Wolfgang: Kulturgeschichte des Klimas. Von der Eiszeit bis zur globalen Erwärmung, dtv, München 2011.

Buchner, Nobert/Buchner, Elmar: Klima und Kulturen. Die Geschichte von Paradies und Sintflut, BAG-Verlag, Weinstadt 2005.

Deutsche Physikalische Gesellschaft: Elektrizität: Schlüssel zu einem nachhaltigen und klimaverträglichen Energiesystem, Bad Honnef 2010.

Krüger, Gustav: Die Energiewende. Wunsch und Wirklichkeit, Books on Demand GmbH, Norderstedt 2011.

Luhmann, Niklas: Ökologische Kommunikation: Kann die moderne Gesellschaft sich auf ökologische Gefährdungen einstellen?, VS Verlag für Sozialwissenschaften, Heidelberg 2008.

Neubacher, Alexander: Ökofummel. Wie wir versuchen, die Welt zu retten – und was wir damit anrichten, Deutsche Verlags-Anstalt, Frankfurt 2012.

Olsen, Harry G.: Handbuch der Klimalügen. Eine Dokumentation nachhaltiger Lügen zur Rettung der Welt, verbreitet durch das Kartell der Klimaforscher und ihre einfache Widerlegung durch die Wirklichkeit, Tvr Medienverlag, Jena 2010.

Sinn, Hans-Werner: Das grüne Paradoxon. Plädoyer für eine illusionsfreie Klimapolitik, Ullstein, Berlin 2012.

Vahrenholt, Fritz/Lühning, Sebastian: Die kalte Sonne. Warum die Klimakatastrophe nicht stattfindet, Hoffmann und Campe, Hamburg 2012.

Internetquellen (alle zuletzt abgerufen am 27.7.2013)

www.IIa-bayreuth.de
www.erhardbeppler.de
www.real-planet.eu/wspeicher.htm
www.rosolarwiki.de
www.schmanck.de/hug.htm
wattsupwiththat.com
www.wikipedia.org/wiki/Lastprofil
www.wikipedia.org/wiki/Windkraftanlage
www.wattenrat.de/2010/09/fritz-vahrenholt-rwe-sorgt-sich-um-seetaucher/

Anlagen

Anlage 1

Investkosten der verschiedenen Stromherstellungsverfahren

	Haltbarkeit Anlagen	Nutzungszeit	Investitionskosten Basis 20 J.		Basis 40 J. (2010–2050)
	Jahre	%	€/KW install.	€/KW eff.	€/KW eff.
Kohle	40–50	90	1000	1222	1222
Kern	50–60	95	10 000	10 526	10 526
Gas	40–50	90	440	489	489
Wind (Durchschnitt on-/offshore)	max. 20	20	2 250 (1)	11 250 (2)	22 500 (2)
Solar	max. 20	10	1 500	15 000 (2)	30 000 (2)

(1) Onshore 1500 € / KW, Offshore 3000 € / KW; Verhältnis 1 : 1
(2) ohne Abrisskosten

Anlage 2

Plan »Energiewende 2050«

a) Plan »Energiewende 2050« (gemäß »Leitstudie 2010« BMU (Basisszenario 2010 A))

	2010–2030		2031–2050		2010–2050		2050–2070	
	GW	GW eff.	GW	GW eff.	GW	GW eff.	GW	GW eff.
Atom	9,7	9	0	0	5,8	5,4	0	0
Fossil	67,7	60,8	41,5	37,4	57,2	51,4	40	36
Wind (WKA)	45,7	9,1	77,5	15,5	58,4	11,7	79	15,8
Solar	44,3	4,4	65	6,5	52,6	5,3	65	6,5
Sonstige	13	11,7	19	17,1	15,6	13,9	20	18
	180,4	95	203	76,5	189,6	87,7	204	76.3

b) Stromerzeugung, -import (Mrd. KWh/a) gemäß »Energiewende 2050«

$$600\,(2010) \longrightarrow 300\,(2050)$$
$$\text{Import } 100$$
$$400$$

Anlage 3

Anzahl Windkraft- und Solaranlagen sowie Investkosten 2010-2050 und nach 2050 gemäß »Energiewende 2050«

		2010–2030	2031–2050	2010–2050	2050–2070
a)	Anzahl WKA und Solaranlagen in GW bei Haltbarkeit 20 Jahre				
	Wind (Anzahl)	18 200	16 000	34 200	15 800
	Solar (GW)	81	65	146	65
b)	Investkosten WKA und Solar				
	Wind (Mrd. €)	205	180	385	178
	Abriss (Mrd. €)	21	18	39	18
		226	198	424	196
	Solar (Mrd. €)	122	98	220	98
	Abriss (Mrd. €)	12	10	22	10
		134	108	242	108
c)	Investkosten Wind + Solar (Mrd. €/a)	18	15,3	16,7	15,2

Anlage 4

Gesamtkostenbetrachtung für Wind- und Solaranlagen unter Verwendung von Gas als Puffer

	»Energiewende 2050«		→	max. Anteil altern. Energien
	2010–2030	2031–2050	nach 2050	
	€/KWh	€/KWh	€/KWh	€/KWh
Stromerzeugung gesamt (Mrd. KWh/a)	(410)	(350)	(300)	(300)
Strom über Wind, Solar (Mrd. KWh/a)	(58)	(101)	(88)	(229)
(Wind)	(39)	(71)	(62)	(161)
(Solar)	(19)	(30)	(26)	(68)
Kapitalkosten Wind einschl. Abrisskosten nach Anlage 2	0,2897	0,1394	0,1581	0,1581
Betriebskosten Wind	0,0145	0,0145	0,0145	0,0145
Kapitalkosten Solar einschl. Abrisskosten nach Anlage 2	0,3526	0,1800	0,2076	0,2076
Betriebskosten Solar	0,0028	0,0028	0,0028	0,0028
Netzausbau (Summe 85 Mrd. €)	0,0733	–	–	–
Ausbau Gaskraftwerke (17,6 Mrd. €)	0,0158	–	–	–
Nichtauslastung Gaskraftwerke	–	0,015	0,015	0,015
Summe:	0,7487	0,3517	0,398	0,398

Kosten durch 50% Stromverluste über Wind + Solar	–	–	0,796	0,796
Mischpreis mit Gas als Puffer	–	–	0,423	0,423

Anlage 5

Mehrkosten über Wind, Solar und Gas als Puffer mit dem höchstmöglichen Anteil an alternativen Energien (62%) gegenüber der konventionellen Herstellung

	K, A, G	W, S, So, G	K, A, G	W, S, So, G
– Strom (Mrd. KWh/a)	300	300	410	410
– 62% Strom über Wind, Solar, »Sonstige« sowie Gas (Puffer) (Mrd. KWh/a)	(229)	W, S, G 229 »Sonstige« 71	(339)	W, S, G 339 »Sonstige« 71
– Kosten Strom (Anlage 4) (€/KWh)	(0,044)	0,423	(0,044)	0,423
– Kosten 62% Strom über Wind, Solar, »Sonstige« sowie Gas (Puffer) (Mrd. €/a)	(10,1)	96,8	(14,9)	143,4
– Mehrkosten nur über Wind und Solar (Mrd. €/a)	–	86,7	–	128,5

W = Wind
S = Solar
G = Gas
K = Kohle
A = Atom
So = »Sonstige«

Bildnachweis

Alt, Helmut: »Energiekonzept mit kurzer Brücke zu witterungsabhängigen, hohen Strompreisen«. KTG Jahrestagung in Stuttgart, 22.–24.05.2012: S. 50 u. 51.

Aus: V. Alversleben, A.: Vortrag vor Old Table Freiburg, 21.02.2002: s. 13.

Aus: Behringer, Wolfgang: Kulturgeschichte des Klimas. Von der Eiszeit bis zur globalen Erwärmung, dtv, München 2011: S. 14.

Aus: Öllerer, K.: Windenergie in der Grund-, Mittel- und Spitzenlast: S. 76.

Aus: Olsen, Harry G.: Handbuch der Klimalügen. Eine Dokumentation nachhaltiger Lügen zur Rettung der Welt, verbreitet durch das Kartell der Klimaforscher und ihre einfache Widerlegung durch die Wirklichkeit, Tvr Medienverlag, Jena 2010: S. 23.

Aus: Puls, K.-E.: Anthropologische Gesellschaft, Hannover,18.1.2013: S. 12.

Sinn, Hans-Werner: Das grüne Paradoxon. Plädoyer für eine illusionsfreie Klimapolitik, Ullstein, Berlin 2012: S. 37 u. 44.

Aus: Vahrenholt, Fritz/Lühning, Sebastian: Die kalte Sonne. Warum die Klimakatastrophe nicht stattfindet, Hoffmann und Campe, Hamburg 2012: (S. 17, 18, 20, 27)

www.wattsupwiththat.com: S. 26.

www.wikipedia.org/wiki/Lastprofil: S. 40.

www.erhardbeppler.de: S. 11.

Danksagung

Dank sagen möchte ich denen, die mir die Anregung zu einem Buch gaben, um die Ergebnisse eines Vortrags einer möglichst großen Öffentlichkeit mitzuteilen.

Mein besonderer Dank gilt den Herren Dr. D. Lohr und Dipl.-Ing. H.-U. Reßmann für viele fachliche Diskussionen, für die Mühe, mein Manuskript kritisch zu sichten, und für zahlreiche Ergänzungen.